计算技术练习册

主编 赵 娟 姚克贤

立信会计出版社
LIXIN ACCOUNTING PUBLISHING HOUSE

图书在版编目(CIP)数据

计算技术练习册 / 赵娟,姚克贤主编. —上海:
立信会计出版社,2015.2
ISBN 978 - 7 - 5429 - 4527 - 3

Ⅰ.①计… Ⅱ.①赵… ②姚… Ⅲ.①计算技术—高
等学校—习题集 Ⅳ.①O121-44

中国版本图书馆 CIP 数据核字(2015)第 026652 号

责任编辑　　赵志梅
封面设计　　周崇文

计算技术练习册

出版发行	立信会计出版社			
地　　址	上海市中山西路 2230 号		邮政编码	200235
电　　话	(021)64411389		传　　真	(021)64411325
网　　址	www.lixinaph.com		电子邮箱	lxaph@sh163.net
网上书店	www.shlx.net		电　　话	(021)64411071
经　　销	各地新华书店			

印　　刷	常熟市梅李印刷有限公司		
开　　本	787 毫米×960 毫米	1/16	
印　　张	12.75		
字　　数	260 千字		
版　　次	2015 年 2 月第 1 版		
印　　次	2015 年 2 月第 1 次		
印　　数	1—3 100		
书　　号	ISBN 978 - 7 - 5429 - 4527-3/O		
定　　价	28.00 元		

如有印订差错,请与本社联系调换

前　言

　　计算技术——珠算是一门既古老又新兴的学科,是我国传统文化的瑰宝,蕴含着深刻的科学内涵。我们在多年的会计学和珠算学的教学中,深刻体会到珠算技术既现实又深远的意义和作用。为了更好地宣扬我国传统珠算文化,继承先祖流传下来的这项宝贵技能,我们根据教学中积累的经验和资料,编写了这本《计算技术练习册》。

　　本练习册共分为五个单元,第一单元是学习珠算的预备知识,第二单元至第四单元分别介绍了珠算加法、减法、乘法、除法四则运算,第五单元是珠算等级鉴定练习。本练习册可以作为各大中专院校计算技术课程配套练习使用,亦可作为珠算鉴定考试的复习资料使用。

　　本练习册第一单元、第二单元、第三单元由山东英才学院赵娟老师负责编写,第四单元、第五单元由山东商业职业技术学院姚克贤教授负责编写,在编写过程中吸收了许多同类书籍的宝贵经验,也得到山东英才学院经济管理学院李众宜教学院长与王丽敏老师的大力支持,在此谨表谢意。

　　书中若有疏漏和错误,恳请读者批评指正。

编　者

目　　录

第一单元　预备知识

一、数码字练习

数码字具体练习(一)

1. 阿拉伯数字书写练习：

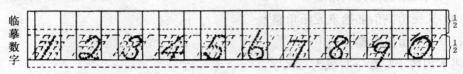

临摹数字

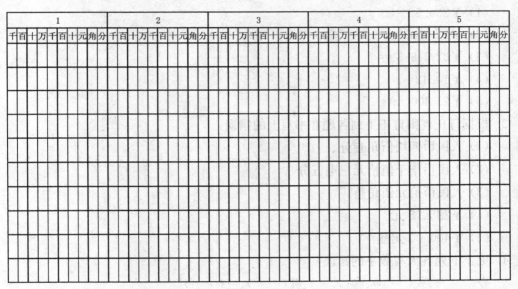

	1							2							3							4							5					
千	百	十	万	千	百	十	元	角	分	千	百	十	万	千	百	十	元	角	分	千	百	十	万	千	百	十	元	角	分	千	百	十	万	千	百

2. 汉字大写数字书写练习：

零　壹　贰　叁　肆　伍　陆　柒　捌　玖　拾　佰　仟　万　亿

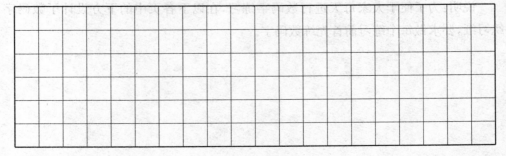

数码字具体练习(二)

1. 在下列数字右边写出阿拉伯数字:
   (1) 人民币伍拾捌万贰仟伍佰壹拾叁元整=
   (2) 人民币壹仟零柒元整=
   (3) 人民币壹拾元玖角陆分=
   (4) 人民币捌佰陆拾玖元伍角整=
   (5) 人民币伍角叁分=

2. 将下列各小写数字写成大写汉字:
   (1) ￥236.52=
   (2) ￥2 500.00=
   (3) ￥32 518.39=
   (4) ￥10.42=
   (5) ￥25 300.40=

3. 根据订正规则订正下列各题在书写上的错误:
   (1) 人民币四块伍角叁分
   (2) 人民币柒千伍拾元三毛五分
   (3) 人民币拾元伍角整
   (4) ￥236.75 元
   (5) ￥400.00 元整

4. 更正下列各大写数字的错误:
   壶( )、式( )、参( )、肆( )、三( )
   扒( )、玫( )、百( )、千( )、乙( )
   柴( )、另( )、令( )、八( )、九( )

   说明:为了便于大家每天进行数码字练习,在以下各页中的下方设计了数码字练习纸,要求做每个练习前首先练数码字。

二、指 法 练 习

指法具体练习(一)

1. 拇指拨珠:

(1) 20 423
  23 021

(2) 24 023
  20 312

(3) 22 431
  12 013

(4) 23 214
  20 110

(5) 320 431
  24 013

(6) 11 431
  401 003

(7) 31 412
  402 002

(8) 41 202
  203 142

(9) 22 431
  302 013

(10) 131 043
  12 300

(11) 411 024
  21 400

(12) 324 012
  10 321

(13) 23 022
  310 120
  101 302

(14) 402 022
  12 402
  20 010

(15) 214 130
  10 202
  120 012

(16) 302 141
  20 102
  101 201

2. 食指拨珠:

(1) 44 234
  −21 012

(2) 22 142
  −12 032

(3) 42 433
  −32 401

(4) 32 412
  −20 412

(5) 32 041
  −11 021

(6) 42 331
  −12 031

(7) 34 402
  −21 101

(8) 33 243
  −21 203

(9) 422 013
  −201 013

(10) 343 241
  −213 131

(11) 241 343
  −131 021

(12) 343 214
  −231 012

(13) 423 432
  −102 101
  −10 210

(14) 341 433
  −201 302
  −10 121

(15) 233 343
  −102 310
  −20 013

(16) 330 332
  −100 201
  −210 030

汉字大写练习

壹	贰	叁	肆	伍	陆	柒	捌	玖	零	拾	佰	仟	万	亿	元	整

3. 中指拨珠：

(1)   55 550
    −5 050

(2)   55 505
    −505

(3)   55 555
    −5 050

(4)   55 555
    −505

(5)   505 000
      50 550
    −505 050

(6)   555 055
    −55 055
      50 500

(7)   505 555
    −500 505
      550 505

(8)   550 505
    −50 500
    −55 050

(9)   555 055
    −505 050
      505 550

(10)   505 555
      −5 050
      55 055

(11)   550 055
    −500 050
        5 550

(12)   555 505
    −505 505
        5 555

4. 混合练习：

(1)   22 041
    55 301
  −21 230

(2)   42 513
  −21 501
    52 535

(3)   54 302
    25 042
  −53 212

(4)   35 325
  −25 105
    25 524

(5)   43 253
  −22 051
    51 542

(6)   54 303
  −53 203
    45 245

(7)   44 524
  −13 502
    25 315

(8)   53 422
  −52 302
    31 254

(9)   34 415
  −13 205
    51 253

(10)   32 343
    −21 342
      15 455

(11)   45 423
    −25 211
      52 535

(12)   53 432
    −52 312
      25 102

(13)   45 342
    −25 211
      25 553

(14)   51 343
    −50 231
      35 215

(15)   45 343
    −35 310
      52 451

(16)   51 343
    −50 231
      55 320

汉字大写练习

壹	贰	叁	肆	伍	陆	柒	捌	玖	零	拾	佰	仟	万	亿	元	整

指法具体练习（二）

1. 拇指、中指联拨（同档、邻档）：

(1) 606 060   (2) 80 808   (3) 90 909   (4) 707 608
  70 707   706 080   807 070   80 090

(5) 80 808 080   (6) 60 708 090   (7) 70 069 080   (8) 909 090
  7 070 609   8 070 608   9 700 906   90 909

(9)   120 132   (10) 2 030 103   (11)   201 203   (12)   302 010
  708 006   608 090   7 080 670   7 670 670
  9 070 860   7 060 706   708 006   27 308

(13) 151 515   (14) 353 535   (15) 251 535   (16) 153 545
  25 250   25 150   45 350   45 250

(17) 2 525 250   (18) 35 353 535   (19) 35 451 525   (20) 251 535
  15 151 515   2 545 350   2 535 450   35 450

(21)   143 212   (22)   121 314   (23)   203 102   (24)   121 102
  2 501 500   25 025   2 525 250   3 525 150
  350 255   3 503 500   251 535   252 535

(25) 45 454 545   (26) 15 253 545   (27) 45 445 235   (28) 35 335 255
  1 525 350   4 535 251   3 552 550   3 553 550

汉字大写练习

壹	贰	叁	肆	伍	陆	柒	捌	玖	零	拾	佰	仟	万	亿	元	整

2. 拇指、中指联拨（同档、邻档）：

(1)	55 555	(2)	66 666	(3)	77 777	(4)	88 888
	−33 333		−44 444		−33 333		−44 444

(5)	78 768	(6)	65 678	(7)	58 876	(8)	87 665
	−44 434		−21 234		−44 432		−44 223

(9)	55 555	(10)	68 568	(11)	76 879	(12)	876 567
	55 555		55 555		55 555		50 505

(13)	252 525	(14)	151 515	(15)	675 615	(16)	786 555
	151 515		252 525		152 515		152 535

3. 拇指、中指联拨（同档、邻档）：

(1)	88 888	(2)	77 777	(3)	99 999	(4)	98 768
	−66 666		−66 666		−67 876		−76 667

(5)	98 989	(6)	76 979	(7)	98 678	(8)	78 988
	−87 878		−66 878		−87 676		−67 877

(9)	252 525	(10)	353 535	(11)	454 545	(12)	352 545
	−151 515		−252 525		−151 515		−251 535

(13)	354 525	(14)	367 867	(15)	787 995	(16)	764 836
	−253 515		−251 515		−251 545		−153 525

临摹数字

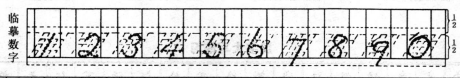

千	百	十	万	千	百	十	元	角	分	千	百	十	万	千	百	十	元	角	分	千	百	十	万	千	百	十	元	角	分	千	百	十	万	千	百	十	元	角	分

4. 拇指、中指联拨（同档、邻档）：

(1) 32 434
    34 232

(2) 44 343
    33 424

(3) 24 323
    34 443

(4) 34 434
    43 234

(5) 43 334
    34 443

(6) 24 434
    43 343

(7) 34 443
    42 443

(8) 44 344
    33 433

(9)   203 040
  −50 505

(10) 304 080
  −51 525

(11) 808 090
 −151 525

(12) 907 040
 −351 525

(13) 842 192
 −152 515

(14) 844 093
 −152 535

(15) 407 093
 −351 525

(16) 817 491
 −151 535

5. 拇指、中指综合练习：

(1) 60 606
   15 250
 −25 256
   35 158

(2) 35 357
 −25 256
   68 687
 −67 677

(3) 90 909
 −15 258
   15 157
 −80 256

(4) 99 898
 −66 066
   15 015
 −25 156

(5) 23 214
   15 625
 − 15 157
   66 257

(6) 30 212
   15 257
 −25 156
   69 686

(7) 89 878
 −66 156
   15 257
 −15 156

(8) 15 156
   25 255
 −15 150
   60 707

(9) 43 343
   34 434
 −15 015
   25 157

(10) 33 433
   44 444
 −15 150
   25 255

(11) 98 978
 −66 715
   15 056
 −15 006

(12) 96 969
 −15 156
   7 035
 −15 615

汉字大写练习

壹	贰	叁	肆	伍	陆	柒	捌	玖	零	拾	佰	仟	万	亿	元	整

指法具体练习(三)

三指法——食指、中指两指联拨练习

1. 食指、中指齐分(同档、邻档):

(1) 66 666 −66 666	(2) 77 777 −77 777	(3) 88 888 −88 888	(4) 99 999 −99 999
(5) 78 676 −78 676	(6) 69 876 −69 876	(7) 98 768 −98 768	(8) 778 889 −778 889
(9) 252 525 −252 525	(10) 454 545 −454 545	(11) 353 535 −353 535	(12) 253 545 −253 545
(13) 756 595 −251 545	(14) 882 936 −352 535	(15) 468 967 −453 515	(16) 972 686 −452 535

2. 食指、中指齐下(同档、邻档):

(1) 24 132 31 423	(2) 14 342 41 213	(3) 34 131 21 424	(4) 413 213 142 342
(5) 213 421 342 134	(6) 432 243 123 312	(7) 332 224 223 331	(8) 324 143 231 412
(9) 102 030 −51 525	(10) 304 020 −253 515	(11) 203 040 −152 535	(12) 907 090 −351 535
(13) 907 030 −351 525	(14) 407 060 −351 505	(15) 403 020 −352 515	(16) 209 080 −153 525

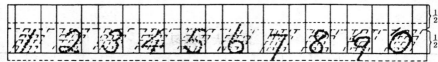

指法具体练习(四)

三指法——拇指、食指两指联拨练习

1. 拇指、食指两指扭进:

(1) 11 111
　　99 999

(2) 22 222
　　88 888

(3) 33 333
　　77 777

(4) 44 444
　　66 666

(5) 12 344
　　98 766

(6) 21 234
　　89 876

(7) 43 423
　　67 687

(8) 34 324
　　76 786

(9) 76 398
　　89 767

(10) 84 679
　　76 986

(11) 67 948
　　98 878

(12) 329 168
　　787 998

(13) 82 176
　　99 989

(14) 78 432
　　98 679

(15) 79 243
　　98 978

(16) 96 743
　　79 988

2. 拇指、食指两指扭退:

(1) 　111 111
　　−99 999

(2) 　100 212
　　−89 898

(3) 　22 222
　　−9 899

(4) 　123 231
　　−89 898

(5) 　627 806
　　−89 987

(6) 　272 708
　　−98 879

(7) 　432 313
　　−98 979

(8) 　270 827
　　−87 989

(9) 　236 173
　　−98 799

(10) 　908 472
　　−79 098

(11) 　617 318
　　−79 999

(12) 　532 816
　　−8 977

(13) 　78 030 207
　　−9 798 868

(14) 　20 908 472
　　−6 079 089

(15) 　43 231 320
　　−9 897 986

汉字大写练习

壹	贰	叁	肆	伍	陆	柒	捌	玖	零	拾	佰	仟	万	亿	元	整

指法具体练习(五)

三指法——三指联拨练习

1. 进位的三指联拨:

(1) 76 989　　(2) 98 767　　(3) 67 898　　(4) 96 666
　　34 121　　　　12 343　　　　43 212　　　　14 444

(5) 89 766　　(6) 766 988　　(7) 98 788　　(8) 78 789
　　33 444　　　　444 122　　　　22 323　　　　32 332

(9) 67 686　　(10) 96 788　　(11) 78 976　　(12) 96 788
　　43 424　　　　14 322　　　　33 444　　　　24 333

(13) 678 678 786　　(14) 876 988 667　　(15) 786 789 987
　　　32 432 324　　　　234 122 443　　　　434 421 123

2. 退位的三指联拨:

(1) 101 010　　(2) 202 020　　(3) 303 030　　(4) 102 030
　−10 101　　　−20 202　　　−30 303　　　−30 404

(5) 111 111　　(6) 121 121　　(7) 318 293　　(8) 313 212
　−44 444　　　−43 433　　　−30 304　　　−34 433

(9) 804 102　　(10) 122 930　　(11) 1 023 312　　(12) 111 111
　−30 324　　　−44 042　　　−134 423　　　−33 424

(13) 70 829 103　　(14) 408 360 701　　(15) 93 804 102
　−3 040 234　　　−40 401 013　　　−4 030 324

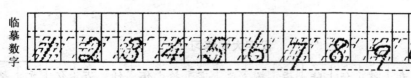

临摹数字　1 2 3 4 5 6 7 8 9 0

指法具体练习(六)

两指法——单指拨珠练习(适用于小型多档式算盘)

1. 拇指拨珠：

(1) 1 320 421
　　 3 124 023

(2) 2 130 412
　　 2 314 032

(3) 3 142 310
　　 1 202 134

(4) 1 210 312
　　 3 134 131

(5) 4 031 213
　　　 213 121

(6) 3 214 321
　　 1 230 123

(7) 3 140 212
　　 1 304 232

(8) 3 400 310
　　 1 044 134

(9) 2 143 004
　　 2 301 440

2. 食指拨珠：

(1)　 4 323 423
　 　−4 323 423

(2)　 23 424 134
　 　−21 312 123

(3)　 25 345 521
　 　−25 135 521

(4)　 5 325 454
　 　−5 115 253

(5)　 35 453 452
　 　−15 253 452

(6)　 54 324 542
　 　−53 213 531

(7)　 5 454 553
　 　−5 252 552

(8)　 45 553 255
　 　−35 551 155

(9)　 34 555 253
　 　−21 555 152

(10)　 4 325 555
　　 −3 125 555

(11)　 54 453 254
　　 −53 252 153

(12)　 35 545 534
　　 −25 535 523

汉字大写练习

壹	贰	叁	肆	伍	陆	柒	捌	玖	零	拾	佰	仟	万	亿	元	整

指法具体练习(七)

两指法——两指联拨练习

1. 齐合法：

(1) 60 606 606
    7 070 070

(2) 70 809 060
    8 090 708

(3) 607 080 909
    90 608 070

(4) 15 151 515
    2 525 250

(5) 625 735 815
    250 250 150

(6) 357 258 450
    601 501 545

(7) 9 153 545
    735 253

(8) 835 645 925
    60 250 073

(9) 121 360 708
    767 625 250

2. 齐分法：

(1)   666 789
  −666 789

(2)   789 898
  −789 898

(3)   9 876 678
  −9 876 678

(4)   987 898
  −766 676

(5)   889 998
  −667 776

(6)   898 989
  −676 767

(7)   151 525
  −151 525

(8)   253 545
  −253 545

(9)   354 535
  −354 535

(10)   453 545
  −151 525

(11)   354 545
  −253 515

(12)   454 535
  −152 525

临摹数字

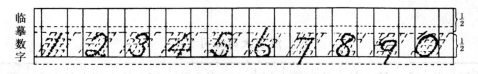

千	百	十	万	千	百	十	元	角	分	千	百	十	万	千	百	十	元	角	分	千	百	十	万	千	百	十	元	角	分	千	百	十	万	千	百	十	元	角	分

3. 齐上法：

(1)　567 865
　　 －324 432

(2)　678 676
　　 －434 232

(3)　568 765
　　 －144 342

(4) 16 271 628
　　 5 152 515

(5) 26 381 625
　　15 052 515

(6) 16 273 829
　　25 150 515

(7)　5 657 076
　　 －3 424 044
　　　1 515 350

(8)　67 865 756
　　 －33 442 424
　　　15 015 150

(9)　22 121 212
　　　15 252 525
　　 －4 030 403

4. 齐下法：

(1) 234 134
　　321 421

(2) 342 143
　　213 412

(3) 124 432
　　431 123

(4) 344 233
　　343 434

(5) 434 243
　　343 434

(6) 243 434
　　443 343

(7)　304 060
　　 －253 505

(8)　708 010
　　 －152 505

(9)　309 080
　　 －253 525

(10)　407 090
　　 －150 525

(11)　908 040
　　 －152 515

(12)　708 090
　　 －51 525

汉字大写练习

壹	贰	叁	肆	伍	陆	柒	捌	玖	零	拾	佰	仟	万	亿	元	整

5. 扭进法：

(1) 123 432
    <u>987 678</u>

(2) 342 134
    <u>768 976</u>

(3) 342 432
    <u>879 789</u>

(4) 436 786
    <u>789 979</u>

(5) 347 678
    <u>868 987</u>

(6) 324 187
    <u>797 998</u>

(7) 434 343
    988 889
    <u>787 987</u>

(8) 343 423
    978 798
    <u>899 889</u>

(9) 342 894
    878 987
    <u>889 779</u>

6. 扭退法：

(1) 102 030
    <u>−80 706</u>

(2) 232 132
    <u>−98 798</u>

(3) 367 262
    <u>−78 979</u>

(4) 162 765
    <u>−78 976</u>

(5) 237 667
    <u>−99 788</u>

(6) 267 356
    <u>−79 967</u>

(7) 267 305
    <u>89 967</u>

(8) 177 338
    <u>−88 999</u>

(9) 1 726 125
    <u>−887 886</u>

(10) 326 571
     <u>−89 987</u>

(11) 304 060
     <u>−70 786</u>

(12) 3 650 257
     <u>−867 879</u>

临摹数字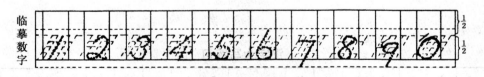

第二单元　珠算加减法练习

一、加减基本功练习题

1. 单数连加减：

加数	时间	连加次数	结果	减数	减完时间
1	1 分钟	约 250 次	250	1	约 1 分钟 30 秒
2	1 分钟	约 250 次	500	2	约 1 分钟 30 秒
3	1 分钟	约 250 次	750	3	约 1 分钟 30 秒
4	1 分钟	约 250 次	1 000	4	约 1 分钟 30 秒
5	1 分钟	约 250 次	1 250	5	约 1 分钟 30 秒
6	1 分钟	约 250 次	1 500	6	约 1 分钟 30 秒
7	1 分钟	约 250 次	1 750	7	约 1 分钟 30 秒
8	1 分钟	约 250 次	2 000	8	约 1 分钟 30 秒
9	1 分钟	约 250 次	2 250	9	约 1 分钟 30 秒

2. 常数连加减：

加数	时间	连加次数	结果	减数	减完时间
625	5 分钟	200	12 500	625	6 分钟
16 875	5 分钟	200	3 375 000	16 875	7 分钟
1 953 125	10 分钟	256	500 000 000	1 953 125	12 分钟

3. 加百子：

$1+2+3+\cdots+100=5\ 050$（限时 45 秒至 1 分钟 30 秒）

4. 减百子：

$5\ 050-1-2-\cdots-100=0$（限时 1～2 分钟）

数码字小写练习

千	百	十	万	千	百	十	元	角	分	千	百	十	万	千	百	十	元	角	分	千	百	十	万	千	百	十	元	角	分	千	百	十	万	千	百	十	元	角	分

二、加法练习

加法具体练习(一)

1. 不进位加法练习：

(1) 335	(2) 9 016	(3) 531	(4) 1 329	(5) 302
101	820	106	8 650	7 150
561	152	9 052	10	1 547

(6) 1.12	(7) 17.25	(8) 83.15	(9) 36.18	(10) 21.45
15.20	1.71	6.32	1.30	7.03
30.56	30.01	0.51	60.51	50.51

(11) 435	(12) 1 602	(13) 3 204	(14) 2 314	(15) 3 245
2 130	4 231	431	402	410
2 202	2 043	1 140	3 241	2 034

(16) 10.13	(17) 2.21	(18) 23.01	(19) 2.03	(20) 42.31
1.42	10.34	4.32	14.32	3.02
43.22	34.02	20.42	40.31	10.43

2. 进位加法练习：

(1) 264	(2) 903	(3) 285	(4) 3 068	(5) 278
925	754	7 923	9 243	824
832	543	4 393	759	5 398

(6) 38.35	(7) 3.45	(8) 9.06	(9) 83.95	(10) 3.59
8.25	34.53	25.35	9.35	45.38
9.77	83.46	8.69	120.74	9.72

(11) 7 056	(12) 586	(13) 856	(14) 574	(15) 7 563
6 472	767	697	671	872
836	1 395	762	1 368	6 749

(16) 6.57	(17) 3.74	(18) 6.57	(19) 65.74	(20) 75.46
20.12	2.03	8.69	7.61	9.17
8.69	9.67	7.86	83.19	62.73

数码字小写练习

千	百	十	万	千	百	十	元	角	分	千	百	十	万	千	百	十	元	角	分	千	百	十	万	千	百	十	元	角	分	千	百	十	万	千	百	十	元	角	分

加法具体练习(二)

(1)	469	(2)	69	(3)	157	(4)	892	(5)	738
	273		304		629		56		602
	36		518		76		304		75
	507		92		203		78		918
	65		736		29		569		53

(6)	32	(7)	319	(8)	436	(9)	18	(10)	813
	507		54		251		607		49
	439		603		98		94		627
	96		138		73		356		74
	254		92		604		829		596

(11)	83	(12)	732	(13)	593	(14)	32	(15)	693
	619		56		26		758		84
	72		945		735		93		725
	346		87		86		327		106
	95		309		925		614		79

(16) 76＋394＋618＋57＋406＝

(17) 917＋36＋529＋64＋718＝

(18) 246＋59＋63＋892＋574＝

(19) 76＋104＋358＋69＋893＝

(20) 428＋537＋64＋906＋83＝

(21) 35＋476＋28＋317＋524＝

(22) 695＋37＋428＋59＋607＝

(23) 816＋729＋54＋73＋382＝

(24) 49＋357＋628＋96＋596＝

(25) 627＋46＋918＋734＋59＝

(26) 78＋694＋352＋86＋917＝

(27) 396＋518＋72＋634＋96＝

(28) 34＋619＋573＋627＋85＝

(29) 695＋874＋352＋96＋31＝

(30) 406＋395＋58＋617＋92＝

数码字小写练习

千	百	十	万	千	百	十	元	角	分	千	百	十	万	千	百	十	元	角	分	千	百	十	万	千	百	十	元	角	分	千	百	十	万	千	百	十	元	角	分

加法具体练习(三)

(1)   427
   5 641
    268
   3 109
   8 532

(2) 8 403
   715
  3 246
   927
  5 739

(3)   629
  2 485
  7 158
   314
  5 803

(4) 7 308
   465
  2 846
   503
  3 187

(5)   319
  6 207
  4 593
   654
  7 265

(6) 34.27
  8.06
 45.93
 18.65
  6.31

(7) 39.51
  5.37
 48.26
  1.49
 87.02

(8) 4.03
 39.56
  5.37
 92.45
 67.01

(9) 63.17
  4.93
 83.06
  5.19
 74.53

(10) 49.26
  1.73
 60.95
  5.38
 94.21

(11)   253
  8 071
   512
  4 068
  7 859

(12) 2 079
   635
  5 814
  3 972
  4 578

(13)   461
   539
  1 072
  9 265
  3 548

(14) 8 073
   251
  5 967
   712
  4 701

(15) 2 015
   537
   629
  1 804
  9 546

(16) 6.94＋23.75＋5.01＋19.38＋45.92＝

(17) 56.31＋8.27＋40.63＋4.19＋93.65＝

(18) 2.05＋37.96＋7.23＋63.75＋39.26＝

(19) 15.37＋4.62＋29.53＋2.37＋10.24＝

(20) 7.16＋94.53＋6.07＋72.35＋89.51＝

(21) 931＋3 726＋405＋5 239＋6 437＝

(22) 6 037＋9 205＋8 234＋801＋963＝

(23) 462＋8 127＋375＋2 086＋7 231＝

(24) 275＋4 906＋521＋6 293＋9 357＝

(25) 7 029＋8 437＋3 270＋265＋816＝

(26) 9.23＋7.46＋45.01＋39.26＋83.67＝

(27) 74.26＋85.01＋67.28＋2.39＋3.78＝

(28) 4.05＋91.26＋83.57＋43.71＋35.29＝

(29) 13.72＋3.95＋7.26＋19.26＋83.75＝

(30) 3.96＋21.78＋3.04＋65.93＋13.67＝

数码字小写练习

加法具体练习(四)

表一

题号	(一)	(二)	(三)	(四)	(五)	合计
(1)	639	9 237	526	407	27 693	
(2)	4 072	406	439	6 251	805	
(3)	271	65 293	3 074	349	5 376	
(4)	546	359	76 512	896	452	
(5)	56 127	274	802	12 075	694	
(6)	4 359	6 018	378	538	9 053	
(7)	638	735	9 546	4 729	768	
合计						

表二

题号	(一)	(二)	(三)	(四)	(五)	合计
(1)	12.73	867.31	3.76	26.93	867.31	
(2)	5.36	53.27	760.35	7.04	23.74	
(3)	394.25	7.14	84.93	83.51	394.16	
(4)	45.37	42.56	243.79	147.26	7.18	
(5)	912.03	235.69	92.58	492.73	49.27	
(6)	8.19	76.18	67.59	5.86	35.89	
(7)	74.38	1.47	3.64	36.92	6.45	
合计						

数码字小写练习

千	百	十	万	千	百	十	元	角	分	千	百	十	万	千	百	十	元	角	分	千	百	十	万	千	百	十	元	角	分	千	百	十	万	千	百	十	元	角	分

加法具体练习(五)

(1) 367	(2) 376 085	(3) 73 264	(4) 2 704	(5) 408
9 072	29 103	735	395	2 716
593	654	4 017	18 079	95 387
62 105	7 328	204	246	6 925
4 236	731	352 673	354 761	596
150 349	6 942	1 589	2 483	403 162

(6) 7 602.59	(7) 2.49	(8) 428.65	(9) 74.06	(10) 8 609.47
427.36	396.54	3.91	8.57	352.69
84.20	4.07	57.18	362.10	93.54
6.43	2 019.75	4.83	56.23	6.02
78.52	28.36	3 052.76	8 143.72	84.16
3.71	69.28	96.24	7.45	5.93

(11) 732	(12) 9 023	(13) 273 694	(14) 56 703	(15) 73 219
6 017	752	6 372	1 239	3 526
49 263	926 574	145	486	401 934
534	186	56 809	703 125	360
4 391	3 257	368	348	5 748
706 482	46 180	1 573	5 892	472

(16) 3 742.69＋3.85＋276.09＋54.37＋2.31＋81.06＝

(17) 2.31＋96.57＋854.03＋7.45＋2 690.37＋59.04＝

(18) 29.86＋4.73＋7 510.93＋58.46＋5.13＋618.74＝

(19) 605.73＋3 964.72＋6.85＋915.04＋2.36＋49.35＝

(20) 36.72＋6.91＋8 621.39＋65.27＋3.92＋472.69＝

(21) 394＋4 037＋315＋245 713＋90 645＋3 071＝

(22) 5 371＋406＋87 395＋241＋357 026＋2 684＝

(23) 396 027＋27 815＋461＋953＋4 137＋9 206＝

(24) 7 529＋2 968＋936 251＋30 467＋4 715＝

(25) 284 376＋30 491＋587＋304＋2 195＋6 074＝

数码字小写练习

千	百	十	万	千	百	十	元	角	分	千	百	十	万	千	百	十	元	角	分	千	百	十	万	千	百	十	元	角	分	千	百	十	万	千	百	十	元	角	分

加法具体练习(六)

表一

题号	(一)	(二)	(三)	(四)	合计
(1)	2 146	93 074	716	706 234	
(2)	703	5 196	418 052	9 723	
(3)	14 935	325	3 129	24 806	
(4)	8 013	210 683	35 984	375	
(5)	283 195	3 705	64 135	2 139	
(6)	257	412	7 293	75 246	
(7)	2 084	397 840	9 701	3 298	
(8)	36 729	25 376	496	106 735	
合计					

表二

题号	(一)	(二)	(三)	(四)	合计
(1)	31.76	4.12	9 023.68	615.29	
(2)	6 523.08	57.98	1.35	734.86	
(3)	4.31	8 025.73	40.67	1 273.54	
(4)	105.42	2.34	7 328.94	6.07	
(5)	57.64	510.47	4.15	3 982.76	
(6)	1.79	3 695.87	493.56	7.35	
(7)	5 934.07	13.28	76.18	357.69	
(8)	625.18	59.61	295.73	8.17	
合计					

数码字小写练习

千	百	十	万	千	百	十	元	角	分	千	百	十	万	千	百	十	元	角	分	千	百	十	万	千	百	十	元	角	分	千	百	十	万	千	百	十	元	角	分

加法具体练习(七)

(1)	927.65	(2)	64 375.98	(3)	129.46	(4)	46.53
	64 390.18		296.43		25 073.91		384.69
	58.43		37.09		16.72		73 051.42
	3 276.94		59 401.62		8 734.59		9 615.78
	52 409.87		629.17		34 685.12		40 973.86
	645.39		3 924.51		458.67		769.01

(5)	62 951.34	(6)	31 624.57	(7)	271.83	(8)	3 702.56
	73.82		239.41		56 349.18		65.17
	845.73		5 402.18		17.06		34 159.72
	1 639.57		16.73		9 503.41		874.65
	35 264.98		72 085.64		260.39		82 517.09
	920.16		861.95		13 058.92		640.84

(9) 761.35＋26 048.91＋73.45＋72 156.39＋574.68＝

(10) 28 906.57＋537.26＋39.402.68＋29.51＋4 572.68＝

(11) 192.63＋68 453.97＋748.01＋45 938.06＋92.41＝

(12) 8 192.35＋96.27＋45 937.26＋84 532.17＋379.26＝

(13)	4 962 073	(14)	5 207	(15)	351 092	(16)	2 079 316
	7 315		23 571		28 619		831 527
	54 902		6 307 145		6 704.385		27 045
	9 173 296		439 826		450 721		352 164
	60 423		4 126 350		37 864		5 164.273
	428 019		62 914		2 165 037		405.751

(17)	231 079	(18)	45 136	(19)	5 283 469	(20)	2 053 749
	3 764		297 564		36 592		46 938
	2 405 136		63 275		5 648		4 367
	16 427		1 439		814 376		523 016
	349 601		6 924 053		42 987		7 109 254
	6 135 298		4 530 798		2 678 504		92 871

数码字小写练习

千	百	十	万	千	百	十	元	角	分	千	百	十	万	千	百	十	元	角	分	千	百	十	万	千	百	十	元	角	分	千	百	十	万	千	百	十	元	角	分

三、减法练习

减法具体练习（一）

1. 不借位减法练习：

(1) $\begin{array}{r} 493 \\ -162 \\ -210 \end{array}$ (2) $\begin{array}{r} 897 \\ -251 \\ -530 \end{array}$ (3) $\begin{array}{r} 7\,943 \\ -5\,210 \\ -521 \end{array}$ (4) $\begin{array}{r} 6\,749 \\ -105 \\ -5\,124 \end{array}$ (5) $\begin{array}{r} 2\,839 \\ -106 \\ -2\,531 \end{array}$

(6) $\begin{array}{r} 95.37 \\ -5.12 \\ -40.15 \end{array}$ (7) $\begin{array}{r} 68.94 \\ -51.32 \\ -15.60 \end{array}$ (8) $\begin{array}{r} 97.86 \\ -65.01 \\ -21.65 \end{array}$ (9) $\begin{array}{r} 67.94 \\ -51.32 \\ -15.62 \end{array}$ (10) $\begin{array}{r} 94.86 \\ -51.60 \\ -32.51 \end{array}$

(11) $\begin{array}{r} 5\,786 \\ -1\,423 \\ -2\,140 \end{array}$ (12) $\begin{array}{r} 7\,685 \\ -204 \\ -3\,141 \end{array}$ (13) $\begin{array}{r} 5\,692 \\ -1\,230 \\ -2\,041 \end{array}$ (14) $\begin{array}{r} 6\,785 \\ -2\,041 \\ -423 \end{array}$ (15) $\begin{array}{r} 6\,975 \\ -342 \\ -4\,213 \end{array}$

(16) $\begin{array}{r} 75.96 \\ -3.42 \\ -41.31 \end{array}$ (17) $\begin{array}{r} 89.76 \\ -24.30 \\ -13.24 \end{array}$ (18) $\begin{array}{r} 89.57 \\ -42.31 \\ -14.02 \end{array}$ (19) $\begin{array}{r} 65.98 \\ -21.34 \\ -12.43 \end{array}$ (20) $\begin{array}{r} 87.96 \\ -21.34 \\ -43.21 \end{array}$

2. 借位减法练习：

(1) $\begin{array}{r} 4\,563 \\ -985 \\ -789 \end{array}$ (2) $\begin{array}{r} 6\,327 \\ -198 \\ -546 \end{array}$ (3) $\begin{array}{r} 4\,607 \\ -819 \\ -989 \end{array}$ (4) $\begin{array}{r} 9\,302 \\ -574 \\ -859 \end{array}$ (5) $\begin{array}{r} 3\,402 \\ -573 \\ -986 \end{array}$

(6) $\begin{array}{r} 753.16 \\ -25.87 \\ -98.54 \end{array}$ (7) $\begin{array}{r} 207.43 \\ -25.39 \\ -42.15 \end{array}$ (8) $\begin{array}{r} 524.83 \\ -283.79 \\ -150.43 \end{array}$ (9) $\begin{array}{r} 403.81 \\ -15.29 \\ -189.43 \end{array}$ (10) $\begin{array}{r} 135.76 \\ -45.32 \\ -26.58 \end{array}$

(11) $\begin{array}{r} 3\,745 \\ -694 \\ -2\,016 \end{array}$ (12) $\begin{array}{r} 6\,372 \\ -2\,847 \\ -1\,475 \end{array}$ (13) $\begin{array}{r} 7\,346 \\ -1\,892 \\ -4\,319 \end{array}$ (14) $\begin{array}{r} 3\,628 \\ -476 \\ -1\,647 \end{array}$ (15) $\begin{array}{r} 9\,384 \\ -2\,839 \\ -4\,193 \end{array}$

(16) $\begin{array}{r} 14.37 \\ -8.76 \\ -3.26 \end{array}$ (17) $\begin{array}{r} 38.69 \\ -4.37 \\ -8.76 \end{array}$ (18) $\begin{array}{r} 643.21 \\ -76.89 \\ -234.76 \end{array}$ (19) $\begin{array}{r} 712.43 \\ -67.85 \\ -78.46 \end{array}$ (20) $\begin{array}{r} 842.13 \\ -68.97 \\ -476.93 \end{array}$

数码字小写练习

千	百	十	万	千	百	十	元	角	分	千	百	十	万	千	百	十	元	角	分	千	百	十	万	千	百	十	元	角	分	千	百	十	万	千	百	十	元	角	分

减法具体练习(二)

(1) 326 907
　　−465
　−3 046
　−67 518
　　−372

(2) 419 083
　−72 964
　　−319
　−1 736
　　−547

(3) 637 159
　　−926
　−4 073
　　−817
　−86 742

(4) 943 517
　−67 835
　−9 043
　　−651
　　−495

(5) 702 954
　−36 219
　　−576
　−4 728
　　−312

(6) 537 629
　　−316
　−9 504
　−72 053
　　−192

(7) 918 732
　−63 547
　　−219
　−4 695
　　−381

(8) 602 491
　−3 547
　−28 605
　　−472
　　−916

(9) 198 704
　−21 359
　　−643
　−8 061
　　−536

(10) 896 073
　　−964
　−35 149
　　−726
　−4 357

(11) 7 362.08
　　−73.19
　498.53
　　−1.92
　　−5.47

(12) 6 072.35
　−593.64
　　−7.12
　−80.53
　　−9.28

(13) 4 731.86
　　−54.72
　−968.57
　　−6.15
　　−4.39

(14) 2 437.98
　　−53.46
　−376.21
　　−9.76
　　−5.69

(15) 8 946.72
　　−35.64
　−742.59
　　−1.37
　　−4.96

(16) 6 924.73
　　−85.92
　−617.38
　　−2.49
　　−6.17

(17) 7 038.94
　−693.75
　　−8.12
　−61.47
　　−5.03

(18) 6 198.47
　−954.36
　　−61.03
　　−7.51
　　−3.92

(19) 8 073.92
　　−64.73
　−592.67
　　−8.16
　　−6.38

(20) 9 372.64
　−806.95
　　−37.46
　　−1.39
　　−4.72

(21) 723 954−723−3 074−39 164−629＝
(22) 406 735−9 726−436−175−93 084＝
(23) 327 846−3 752−619−345−59 042＝
(24) 952 074−638−3 475−692−75 923＝
(25) 173 462−3 295−196−872−84 103＝
(26) 2 395.74−1.35−349.26−18.39−6.47＝
(27) 6 392.47−576.34−61.93−2.37−6.72＝
(28) 5 137.26−93 57−196.82−2.73−6.59＝
(29) 4 392.68−650.72−6.93−4.27−56.18＝
(30) 9 702.35−274.61−2.65−40.37−9.16＝

数码字小写练习

千	百	十	万	千	百	十	元	角	分	千	百	十	万	千	百	十	元	角	分	千	百	十	万	千	百	十	元	角	分	千	百	十	万	千	百	十	元	角	分

减法具体练习(三)

(1) 894 625　　(2) 609 472　　(3) 742 031　　(4) 370 518　　(5) 918 736
　　−357　　　　　−53 148　　　−69 472　　　−32 846　　　−93 472
　　−57 012　　　−603　　　　　−1 593　　　　−432　　　　　−518
　　−573　　　　　−7 054　　　　−816　　　　　−5 093　　　　−4 057
　　−6 431　　　　−829　　　　　−3 247　　　　−784　　　　　−824
　　−9 176　　　　−4 936　　　　−684　　　　　−6 157　　　　−5 903

(6) 6 732.89　(7) 3 729.64　(8) 4 736.98　(9) 2 490.65　(10) 7 804.96
　　−8.34　　　　−835.19　　　−7.36　　　　−58.23　　　　−8.17
　　−629.53　　　−3.06　　　　−50.47　　　−2.37　　　　−65.43
　　−3.76　　　　−54.27　　　−694.85　　　−607.14　　　−310.82
　　−60.48　　　　−1.65　　　−2.61　　　　−81.96　　　　−7.59
　　−51.62　　　　−96.58　　　−38.54　　　−3.89　　　　−28.34

(11) 625 931　(12) 837 462　(13) 506 923　(14) 618 372　(15) 739 654
　　−6 072　　　−936　　　　　−7 638　　　　−37 406　　　−64 723
　　−386　　　　　−2 074　　　　−149　　　　　−9 157　　　　−306
　　−94 263　　　−309　　　　　−82 750　　　−835　　　　　−2 495
　　−498　　　　　−8 195　　　　−506　　　　　−2 084　　　　−938
　　−7 645　　　　−45 268　　　−3 072　　　　−763　　　　　−6 047

(16) 7 382.95　(17) 6 037.58　(18) 9 326.58　(19) 6 734.95　(20) 8 306.59
　　−8.26　　　　−68.29　　　−173.49　　　−63.18　　　　−2.94
　　−34.01　　　　−1.76　　　−4.31　　　　−2.43　　　　−617.28
　　−576.38　　　−304.15　　　−209.75　　　−850.31　　　−53.06
　　−3.49　　　　−6.04　　　　−2.94　　　　−7.64　　　　−80.37
　　−42.73　　　　−73.62　　　−85.16　　　−96.27　　　　−1.72

(21) 9 230.75　(22) 7 293.58　(23) 9 527.04　(24) 3 592.67　(25) 4 096.86
　　−68.43　　　−936.17　　　−805.96　　　−186.74　　　−274.31
　　−107.59　　　−14.36　　　−1.29　　　　−3.06　　　　−5.96
　　−73.81　　　　−8.74　　　−64.73　　　−4.38　　　　−64.73
　　−1.02　　　　−60.85　　　−6.18　　　　−57.19　　　　−3.84
　　−8.37　　　　−2.93　　　−30.47　　　−40.23　　　　−19.47

数码字小写练习

千	百	十	万	千	百	十	元	角	分	千	百	十	万	千	百	十	元	角	分	千	百	十	万	千	百	十	元	角	分	千	百	十	万	千	百	十	元	角	分

减法具体练习(四)

(1) 78 634.29－3.84－59.61－735.46－7 340.65＝

(2) 96 017.35－87.35－5.04－9 470.23－735.68＝

(3) 80 531.72－3.74－6 504.39－46.03－78.16＝

(4) 92 546.37－42.73－3 965.04－6.38－98.64＝

(5) 37 042.15－3 162.49－29.04－8.73－921.07＝

(6) 62 139.78－67.38－3 491.02－9.63－80.51＝

(7) 19 406.53－6 702.94－5.34－58.16－913.84＝

(8) 72 350.98－1 639.54－34.27－9.18－57.16＝

(9) 47 082.91－83.57－7.26－1 672.35－237.51＝

(10) 35 267.19－6 730.82－6.35－76.49－196.23＝

(11) 96 207.58－6.73－84.05－4 172.39－83.16＝

(12) 39 672.45－9 206.58－7.21－96.53－37.06＝

(13) 60 724.39－3.94－86.93－7 021.56－903.87＝

(14) 53 276.08－68.15－9.23－5 374.26－29.63＝

(15) 26 394.78－3 207.46－53.46－5.92－64.71＝

(16) 79 023.84－47 58－9 612.73－8.74－126.37＝

(17) 52 094.73－6 037.29－1.85－462.73－56.72＝

(18) 25 307.61－2.37－457.21－3 945.16－37.45＝

(19) 51 403.92－874.36－3.96－29.61－9 820.75＝

(20) 36 094.15－76.35－14.29－9 350.72－5.29＝

(21) 18 726.05－936.27－4.08－51.39－7 326.49＝

(22) 37 165.94－7 328.46－435.29－8.01－73.46＝

(23) 50 429.78－9 041.85－7.23－60.41－259.47＝

(24) 61 407.95－4.56－139.54－96.53－1 085.93＝

(25) 36 072.81－4.75－723.64－47.01－5 193.28＝

(26) 70 254.93－603.29－5.64－12.58－6 273.94＝

(27) 21 953.76－3.27－561.93－40.63－4 019.58＝

(28) 36 504.17－5 216.73－59.62－2.73－267.91＝

数码字小写练习

千	百	十	万	千	百	十	元	角	分	千	百	十	万	千	百	十	元	角	分	千	百	十	万	千	百	十	元	角	分	千	百	十	万	千	百	十	元	角	分

减法具体练习(五)

(1)	53 264.78	(2)	75 603.42	(3)	34 925.18	(4)	94 182.75
	−83.69		−85.76		−394.62		−58.32
	−5 947.32		−3 268.17		−73.54		−9 460.53
	−620.54		−72.83		−10 648.35		−735.16
	−21 473.86		−42 981.64		−560.93		−26 417.98
	−896.43		−590.38		−3 219.06		−640.87

(5)	96 854.73	(6)	63 902.54	(7)	48 573.26	(8)	78 421.36
	−915.68		−349.86		−69.38		−593.64
	−49.32		−2 174.38		−821.47		−7 246.18
	−5 370.41		−750.62		−19 452.73		−75.43
	−832.94		−34 265.97		−4 068.59		−629.81
	−53 286.07		−91.73		−307.64		−20 754.29

(9)	83 462.59	(10)	31 294.06	(11)	68 052.73	(12)	90 743.58
	−523.47		−312.95		−43.21		−324.89
	−8 146.95		−8 546.23		−529.64		−6 478.35
	−70.32		−39.02		−36 104.75		−89.06
	−36 421.78		−15 793.68		−691.82		−54 360.71
	−695.04		−105.74		−7 368.19		−907.34

(13)	78 361.45	(14)	36 783.49	(15)	96 813.42	(16)	79 452.63
	−728.64		−245.18		−138.26		−613.24
	−53.09		−3 627.95		−4 375.81		−5 746.89
	−34 912.58		−74.62		−69.34		−84.56
	−6 045.91		−18 319.07		−501.79		−867.01
	−537.26		−896.34		−15 426.93		−15 290.48

(17)	89 307.45	(18)	72 491.63	(19)	53 284.71	(20)	67 359.48
	−16 492.58		−524.81		−760.93		−842.95
	−14.76		−53.07		−8 432.56		−96.04
	−725.64		−3 072.49		−57.38		−2 567.43
	−5 649.27		−248.50		−26 073.19		−10.27
	−580.92		−18 630.74		−546.02		−35 748.16

数码字小写练习

千	百	十	万	千	百	十	元	角	分	千	百	十	万	千	百	十	元	角	分	千	百	十	万	千	百	十	元	角	分	千	百	十	万	千	百	十	元	角	分

减法具体练习(六)

(一)	(二)	(三)	(四)	(五)
35 649	72 643	83 596	41 059	63 954
−506	−1 396	−74	−3 247	−86
−1 327	−561	−4 905	−85	−175
−86	−47	−617	−614	−4 382
−145	−6 204	−5 043	−2 038	−573
−3 728	−985	−29	−596	−9 028
−914	−4 153	−862	−743	−45
−53	−217	−1 490	−65	−1 472
−4 206	−605	−826	−1 658	−587
−486	−72	−157	−274	−493

(六)	(七)	(八)	(九)	(十)
90 472	56 194	38 276	94 358	86 079
−1 396	−736	−84	−3 271	−7 435
−57	−4 263	−613	−69	−947
−629	−58	−5 096	−506	−84
−8 403	−619	−725	−1 047	−1 076
−146	−3 064	−97	−85	−592
−95	−825	−3 142	−692	−75
−4 763	−6 298	−561	−3 904	−809
−358	−83	−753	−586	−9 314
−691	−572	−2 108	−198	−596

数码字小写练习

千	百	十	万	千	百	十	元	角	分	千	百	十	万	千	百	十	元	角	分	千	百	十	万	千	百	十	元	角	分	千	百	十	万	千	百	十	元	角	分

减法具体练习(七)

表一

题号	(一)	(二)	(三)	(四)	余数
(1)	91 736.58	12 693.47	41 076.95	24 396.28	
(2)	1 864.37	106.95	518.02	617.39	
(3)	6 296.35	596.73	2 049.35	1 049.35	
(4)	5 309.86	254.31	617.43	3 402.18	
(5)	9 543.72	476.18	3 140.79	4 318.96	
(6)	2 974.08	305.24	543.96	194.35	
(7)	8 763.54	1 294.73	207.58	693.74	
(8)	3 695.49	817.62	319.64	528.49	
(9)	2 376.15	534.96	734.18	476.92	
(10)	6 120.93	760.54	2 095.78	1 059.38	
余数					

表二

题号	(一)	(二)	(三)	(四)	余数
(1)	86 024.73	32 106.95	10 549.38	46 947.82	
(2)	5 314.79	947.38	369.24	1 493.68	
(3)	14 728.16	602.91	715.93	3 047.25	
(4)	23 590.84	547.86	648.15	4 396.51	
(5)	6 047.38	928.75	726.96	1 245.93	
(6)	8 296.73	740.15	517.30	2 409.85	
(7)	9 104.27	296.74	684.75	6 219.34	
(8)	5 439.82	356.92	746.98	3 074.29	
(9)	7 264.95	874.65	157.32	4 370.92	
(10)	6 054.28	176.43	420.39	2 148.37	
余数					

数码字小写练习

千	百	十	万	千	百	十	元	角	分	千	百	十	万	千	百	十	元	角	分	千	百	十	万	千	百	十	元	角	分	千	百	十	万	千	百	十	元	角	分

四、变通加减法练习

变通加减法具体练习(一)

(1)　6 425
　　　−904
　　−8 269

(2)　9 534
　　3 207
　　−8 592

(3)　2 743
　　　−508
　　−4 076

(4)　8 732
　　−2 095
　　−7 684

(5)　2 465
　　　−896
　　−5 379

(6)　2 736
　　　−589
　　−9 047

(7)　4 039
　　　−692
　　−5 478

(8)　1 357
　　　−306
　　−4 735

(9)　6 247
　　　−819
　　−9 572

(10)　3 495
　　　−637
　　−8 306

(11)　2 735
　　　−589
　　−7 314
　　−59 603

(12)　13 094
　　　−9 273
　　　−5 627
　　　20 136

(13)　9 538
　　　−8 406
　　−34 172
　　　6 849

(14)　31 472
　　　−105
　　48 269
　　　394

(15)　3 709
　　　−815
　　　136
　　−39 074

(16)　31 524
　　　−637
　　−7 129
　　　8 396
　　−50 761

(17)　　195
　　2 074
　　−6 953
　　−25 746
　　−69 430

(18)　20 935
　　−7 346
　　　104
　　−8 273
　　−36 462

(19)　32 437
　　−9 064
　　　206
　　−6 173
　　−57 498

(20)　62 495
　　−59 604
　　　573
　　−8 017
　　−9 256

(21) $5\,826.31 - 371.45 - 26.79 - 72\,039.84 - 65.89 =$

(22) $43.06 + 7\,851.49 - 80\,341.65 - 35.72 - 691.02 =$

(23) $136.94 - 6\,204.98 + 16\,209.76 - 42.35 - 18.76 =$

(24) $837.15 - 24.37 - 90\,175.62 + 49.05 - 1\,372.69 =$

(25) $403.59 + 64.82 - 3\,961.28 + 26\,347.59 - 92.65 =$

(26) $8\,652.47 - 94.63 + 35.27 - 78\,659.02 - 143.06 =$

(27) $715.93 - 4\,038.19 + 27\,043.59 - 23.76 - 68.45 =$

(28) $9\,162.37 - 81.67 - 65\,491.72 - 196.35 - 47.62 =$

(29) $83.75 - 192.68 + 45\,807.32 - 3\,720.84 - 486.15 =$

(30) $618.94 - 23\,416.95 + 58.26 - 9\,506.47 - 53.86 =$

数码字小写练习

千	百	十	万	千	百	十	元	角	分	千	百	十	万	千	百	十	元	角	分	千	百	十	万	千	百	十	元	角	分	千	百	十	万	千	百	十	元	角	分

变通加减法具体练习(二)

(穿棱法,分节法练习)

(一)	(二)	(三)	(四)
64 732 509.18	537 642.08	5 329.07	72 698 304.15
94 763.52	1 094 375.62	64 905.83	24 973.86
309 184.76	9 546.38	39 286 570.19	170 649.52
1 570 326.49	769 023.54	734 628.51	6 405 127.39
83 572.94	8 270 954.16	1 043 295.76	3 250.41
8 746 950.35	37 048 596.12	2 918.64	692 738.54
617 048.39	4 307.85	928 073.46	15 039 284.76
73 564 189.02	76 928.53	43 567 198.02	5 042.37
6 937.24	96 214 085.37	31 724.98	64 950.18
1 785.96	39 524.76	6 129 473.05	1 478 695.32

(五)	(六)	(七)	(八)
1 307 264 958	931 674	324 609 518	372 604
4 937 012	5 047 328	7 041 392	1 537 096
916 045 378	64 180 952	53 467 289	37 048 529
53 692 401	376 015	2 976 318 540	104 359 738
5 470 928 163	2 073 594 681	1 735 824	6 273 145 970
8 173 624	7 609 543	154 207 386	604 285
95 437 286	81 432 795	89 470 135	49 537 621
327 086 915	4 728 650 139	6 402 539 781	320 451 876
214 039	543 728 691	624 357	4 296 735 081
532 896	296 174 358	103 429	7 092 543

数码字小写练习

千	百	十	万	千	百	十	元	角	分	千	百	十	万	千	百	十	元	角	分	千	百	十	万	千	百	十	元	角	分	千	百	十	万	千	百	十	元	角	分

变通加减法具体练习(三)

(也可用一目多行加减法运算)

(1) 204	(2) 6 293	(3) 173	(4) 926	(5) 127
573	301	5 064	407	3 059
2 089	457	719	5 132	243
346	634	7 432	649	9 418
592	186	608	9 015	634
8 237	5 012	395	364	702

(6) 1.32	(7) 62.08	(8) 3.49	(9) 63.07	(10) 6.03
4.78	1.34	6.02	2.14	1.27
12.64	6.72	5.76	30.92	4.35
5.27	50.49	10.57	6.58	30.94
6.13	9.23	4.32	8.01	8.12
20.95	3.85	2.95	4.36	6.79

(11) 7 356	(12) 8 945	(13) 9 048	(14) 6 075	(15) 7 392
−214	−736	−537	−493	−574
−534	−214	−614	−816	−629
−109	−582	−396	−302	−408
−862	−691	215	−748	−936
−943	−429	−362	−659	−147

(16) 8 372	(17) 4 378	(18) 9 346	(19) 8 437	(20) 7 358
−485	−612	−135	−691	−491
−146	−304	−624	−548	−726
−738	−249	−752	−106	−603
−691	−368	−169	−432	−134
−504	−107	−803	−964	−576

(21) 3 472	(22) 4 736	(23) 9 026	(24) 8 372	(25) 4 938
−693	−692	−954	−108	−576
538	−104	−108	−547	602
2 473	6 093	−1 075	−6 293	−749
−956	−578	849	−764	5 394
−107	−849	762	321	−285

(26) 9 248	(27) 6 925	(28) 7 362	(29) 6 493	(30) 5 327
−691	376	−945	106	−408
376	−804	3 218	−948	−692
2 035	−738	−574	−352	3 048
−864	2 019	−107	−761	−539
−502	−582	623	3 029	284

数码字小写练习

千	百	十	万	千	百	十	元	角	分	千	百	十	万	千	百	十	元	角	分	千	百	十	万	千	百	十	元	角	分	千	百	十	万	千	百	十	元	角	分

变通加减法具体练习(四)

(也可用一目多行加减法运算)

(一)	(二)	(三)	(四)	(五)
26 157	136	4 095	72 814	506
5 204	2 014	−942	3 052	73 264
196	792	62 153	−908	152
53 862	6 347	−8 726	1 375	6 073
319	30 528	408	−20 419	4 529
2 473	803	34 617	586	81 694
6 057	73 162	−7 049	−3 294	235
30 938	8 459	−572	49 507	3 528
7 241	91 385	−1 896	−7 025	6 419
594	2 641	73 054	−963	57 083

(六)	(七)	(八)	(九)	(十)
62 954	136	94 205	81 357	71 084
701	−6 207	873	−6 938	652
9 385	738	6 139	59 072	−4 391
83 612	2 914	8 942	−206	−403
7 049	73 592	651	4 615	86 147
354	−4 073	3 217	−62 709	−3 296
25 738	−8 629	61 709	347	9 584
927	57 436	354	−9 396	−629
6 258	−395	9 285	5 924	73 245
4 913	−25 948	85 736	−587	−8 362

数码字小写练习

千	百	十	万	千	百	十	元	角	分	千	百	十	万	千	百	十	元	角	分	千	百	十	万	千	百	十	元	角	分	千	百	十	万	千	百	十	元	角	分

变通加减法具体练习（五）

（也可用一目多行加减法运算）

（一）	（二）	（三）	（四）	（五）
7 439	213	6 247	7 521	968
−506	704	315	936	−732
642	695	862	472	8 095
1 394	7 436	634	185	104
−817	572	7 409	3 649	−549
−265	918	526	204	672
−173	346	943	718	9 328
902	2 587	762	476	−951
738	162	291	534	−736
−185	709	836	612	−839

（六）	（七）	（八）	（九）	（十）
73 624	59 306	78 019	92 715	92 108
6 108	−1 547	13 264	−578	−1 372
35 472	691	6 728	−4 032	−546
867	75 032	943	913	34 761
2 930	−9 573	152	−7 638	−9 254
429	495	7 506	40 296	496
386	3 824	815	5 314	−3 761
4 708	−619	4 781	−427	893
593	−7 543	394	−8 735	8 634
9 274	−286	8 132	4 193	−275

数码字小写练习

千	百	十	万	千	百	十	元	角	分	千	百	十	万	千	百	十	元	角	分	千	百	十	万	千	百	十	元	角	分	千	百	十	万	千	百	十	元	角	分

变通加减法具体练习(六)

(也可用一目多行加减法)

(一)	(二)	(三)	(四)	(五)
67 542	473	5 472	39 074	726
319	6 029	−619	523	4 351
4 083	73 541	43 058	6 418	20 419
9 654	864	−7 261	965	−635
21 736	7 159	835	7 142	−5 047
475	42 605	−1 726	58 369	59 104
8 627	736	58 307	706	−1 758
12 504	9 318	−593	2 693	−972
291	56 043	472	45 218	521
860	294	−96 158	851	−6 049

(六)	(七)	(八)	(九)	(十)
971	305	70 269	962	7 150
302	67 154	−583	56 329	−632
23 615	4 029	604	3 704	803
9 738	847	−69 418	817	−2 869
586	53 716	2 837	69 470	60 215
32 847	8 260	−946	3 253	−6 158
7 065	975	8 372	706	746
5 194	84 652	54 169	7 529	−31 520
420	7 130	−720	634	5 462
78 653	584	−6 583	40 185	−837

数码字小写练习

千	百	十	万	千	百	十	元	角	分	千	百	十	万	千	百	十	元	角	分	千	百	十	万	千	百	十	元	角	分	千	百	十	万	千	百	十	元	角	分

变通加减法具体练习(七)

(也可用一目多行加减法运算)

(一)	(二)	(三)	(四)	(五)
631 472	3 741	75 186	816 549	806
9 058	509	4 907	−361	−7 391
47 615	672 185	352	70 296	602 147
837	4 936	702 493	−5 013	−3 084
180 746	17 054	81 049	28 754	24 936
25 109	428	9 736	−304 925	−89 502
4 290	348 271	495 827	7 462	271 458
964	50 819	32 671	−107	−30 729
76 328	139 682	264	513 678	−615
504 872	72 356	139 086	−91 530	416 532

(六)	(七)	(八)	(九)	(十)
6 159.83	834.67	2 401.97	206.41	5 276.43
784.39	2 407.93	3.75	6 247.89	7.26
5.07	619.20	347.82	−2.18	−418.30
53.10	4 593.82	5 069.38	−85.73	3 825.69
302.61	5.39	80.47	−4 150.36	−906.13
2 918.57	281.65	912.50	398.65	350.47
9.48	50.47	8 135.04	−61.24	−41.95
587.26	6 832.95	4.63	813.07	−7 132.58
10.69	6.01	50.18	−4.72	84.02
7 425.83	48.52	862.97	9 276.50	−9.17

数码字小写练习

千	百	十	万	千	百	十	元	角	分	千	百	十	万	千	百	十	元	角	分	千	百	十	万	千	百	十	元	角	分	千	百	十	万	千	百	十	元	角	分

五、加减综合练习

加减综合具体练习(一)

(一)	(二)	(三)	(四)	(五)
7 326 089	832 649	93 574	375	4 629
5 314	70 132	1 085 249	204 891	53 042
607 835	6 495	602	−73 049	106 894
916	814	137 495	5 149 236	−216
74 682	265 728	24 136	−2 708	7 435 108
6 195 473	9 307	9 543	58 194	−637
508	24 586	6 790 358	−320 917	−692 483
63 491	1 053 972	614 087	−653	−3 924
349 085	620	714	2 186 049	5 138 076
7 546	5 137 084	2 869	−3 476	−70 592

(六)	(七)	(八)	(九)	(十)
63.75	17 324.95	34.61	68.19	167.35
2 570.43	3.18	5.96	32 540.76	65 703.49
439.51	60 478.32	4 506.38	−6.42	−81.73
4.37	507.86	36 912.80	−7 321.08	3 209.15
63 745.09	42.05	63.74	695.37	−5.26
391.64	69.47	149.27	53.64	70 493.82
2.86	3 156.72	2 054.13	−40 576.13	6.07
5 087.12	1.59	1.09	−107.59	−9 027.35
54.93	927.41	49 536.28	6 089.25	−694.18
17 620.48	5 410.96	745.61	−2.06	−50.94

数码字小写练习

千	百	十	万	千	百	十	元	角	分	千	百	十	万	千	百	十	元	角	分	千	百	十	万	千	百	十	元	角	分	千	百	十	万	千	百	十	元	角	分

加减综合具体练习(二)

（一）	（二）	（三）	（四）	（五）
3 206	8 049 635	632 491	53 709	2 497
73 594	3 072	−5 306	2 146 385	63 504
2 085 317	65 328	−96 743	2 041	5 146 235
1 053	702 814	2 014 579	695 820	−810 946
29 476	7 296	1 035	7 436	−5 172
6 702	81 602	−890 257	34 592	54 318
510 839	4 359 281	−8 124	270 658	−9 725
4 183	194 053	27 689	4 317	8 072 643
6 495 247	6 437	−3 812	9 468 273	−7 086
632 948	8 649	6 472 508	5 436	−543 291

（六）	（七）	（八）	（九）	（十）
30 745.69	92.67	2 509.74	532.49	7 326.49
82.14	6 953.02	63.58	7 084.61	53.12
306.58	−147.38	140.23	50 326.18	645.83
7 210.34	31 064.59	8 352.19	−70.52	62 471.05
54.96	−530.41	28.61	617.35	98.37
897.25	89.74	951.46	−8 296.73	362.94
5 043.71	−4 723.86	30 475.82	−35.96	8 504.61
38.47	−14.25	84.95	62 473.05	15.76
69 572.08	50 382.17	30.79	−84.17	93 840.52
15.36	−96.83	54 329.17	−51.89	86.47

数码字小写练习

千	百	十	万	千	百	十	元	角	分	千	百	十	万	千	百	十	元	角	分	千	百	十	万	千	百	十	元	角	分	千	百	十	万	千	百	十	元	角	分

加减综合具体练习(三)

(一)	(二)	(三)	(四)	(五)
6 249	6 274 358	376 095	29 631	4 358
2 015 734	5 143	4 138	−4 058	3 027 194
4 058	28 074	21 904	3 291 476	−63 542
359 602	90 726	3 248 570	35 924	731 029
31 867	2 135 469	2 481	−6 147	−6 217
5 390 476	2 831	50 749	−8 479 015	45 903
23 514	49 205	639 275	63 891	−4 738
645 938	6 084	5 394	−2 439	−72 594
9 043	521 793	9 147 503	138 765	−657 482
86 752	734 902	56 417	−920 548	6 109 527

(六)	(七)	(八)	(九)	(十)
63 524.78	46.07	531.74	9 170.38	5 926.03
35.06	251.83	6 970.38	−458.21	−174.96
471.93	41 037.52	32 049.15	27.96	35.17
2 046.18	604.95	82.96	−42 735.10	49 053.28
53.42	82.31	534.29	612.74	−61.45
617.35	7 520.49	67.43	3 240.87	746.59
7 320.84	495.26	5 172.04	−76.53	−2 107.34
86.57	76.50	46.81	−534.69	420.61
761.09	3 201.78	725.69	78 493.16	−35 418.96
54 832.61	36 974.05	49 031.57	−59.04	−73.02

数码字小写练习

千	百	十	万	千	百	十	元	角	分	千	百	十	万	千	百	十	元	角	分	千	百	十	万	千	百	十	元	角	分	千	百	十	万	千	百	十	元	角	分

加减综合具体练习(四)

(一)	(二)	(三)	(四)	(五)
6 293 057	4 291	69 138	472 635	92 175
4 312	65 708	2 045	−26 174	−6 043
68 943	7 026 345	7 304 916	1 078 543	405 936
710 596	830 472	78 563	−1 407	2 193 560
49 128	92 137	215 490	65 082	−38 214
5 704	7 024	53 274	−309 216	641 827
836 475	945 673	691 352	74 352	−72 391
92 841	14 539	7 615	6 735 981	−4 052
7 043 596	1 206 314	46 591	−51 043	6 130 578
70 158	75 423	8 432 706	−8 196	−59 103

(六)	(七)	(八)	(九)	(十)
73.59	359.64	9 247.36	24 309.86	27.36
628.14	7 243.58	51.48	−614.37	−451.07
7 364.08	24.31	803.91	9 072.54	21 304.98
706.95	607.49	21 470.53	−41.92	−586.72
24 130.76	1 075.23	69.15	325.01	918.64
91.43	30.72	318.69	−1 574.38	5 270.81
259.61	65 143.98	7 052.34	30.79	−843.19
72 403.58	956.07	536.08	−862.45	75 432.68
816.07	20 495.16	45 783.21	−186.74	−91.53
3 082.19	310.54	907.43	45 927.68	−3 076.81

数码字小写练习

千	百	十	万	千	百	十	元	角	分	千	百	十	万	千	百	十	元	角	分	千	百	十	万	千	百	十	元	角	分	千	百	十	万	千	百	十	元	角	分

加减综合具体练习(五)

(一)	(二)	(三)	(四)	(五)
60 214	9 207	9 543 817	86 534	81 269
7 241 689	62 154	57 602	2 317 425	8 153 607
5 163	7 846 092	8 726	25 640	−30 952
83 402	85 649	702 463	−506 784	947 586
752 938	410 327	64 385	−8 135	6 815
49 325	76 193	326 501	30 248	−50 239
3 204 671	2 518	89 674	941 583	821 607
516 047	2 189 654	8 415 027	−8 137 456	−79 054
7 154	37 285	3 156	−76 819	−5 423
30 286	583 746	70 249	−5 302	−7 304 168

(六)	(七)	(八)	(九)	(十)
4 193.20	421.65	108.54	56 038 79	4 187.92
927.68	31 506.27	56 894.32	−297.85	−20.64
83 514.09	670.18	647.19	973.56	86 543.79
360.72	76 254.09	8 163.45	41.80	−954.20
25.04	41.83	429.70	−2 685.49	6 381.92
35 241.87	2 186.34	70.26	436.12	−205.75
817.06	718.50	32 581.64	−52.03	697.83
8 475.19	35.42	914.02	−1 083.65	32 415.09
739.25	8 354.69	62.59	−725.48	−652.18
84.60	460.75	3 058.47	35 410.96	−38.47

数码字小写练习

千	百	十	万	千	百	十	元	角	分	千	百	十	万	千	百	十	元	角	分	千	百	十	万	千	百	十	元	角	分	千	百	十	万	千	百	十	元	角	分

加减综合具体练习(六)

表一

题 号	(一)	+(二)	-(三)	余 数
(1)	1 935 627.84	65 092.74	96 047.83	
-(2)	87 936.06	8 673.59	7 256.94	
+(3)	50 739.24	260.83	8 319.07	
-(4)	89 062.57	7 342.96	260.75	
+(5)	73 694.08	1 506.47	6 043.58	
-(6)	92 538.76	3 694.82	537.42	
+(7)	49 625.87	756.98	1 649.32	
-(8)	68 734.52	6 274.35	760.95	
+(9)	96 548.73	975.46	6 374.28	
-(10)	38 764.29	218.73	2 514.36	
余 数				

表二

题 号	(一)	+(二)	-(三)	余 数
(1)	6 924 738.51	2 318 695.47	1 059 643.87	
+(2)	76 904.83	26 954.83	45 607.29	
-(3)	98 527.34	13 426.59	23 086.91	
+(4)	85 439.61	47 385.92	7 351.48	
-(5)	74 628.53	8 503.16	16 472.53	
+(6)	89 473.52	24 739.65	34 719.06	
-(7)	1 073 425.98	673 204.18	2 385.97	
+(8)	386 294.05	89 627.34	46 129.86	
-(9)	974 538.26	306 298.75	102 354.79	
+(10)	75 326.94	46 327.58	10 548.92	
余 数				

数码字小写练习

千	百	十	万	千	百	十	元	角	分	千	百	十	万	千	百	十	元	角	分	千	百	十	万	千	百	十	元	角	分	千	百	十	万	千	百	十	元	角	分

加减综合具体练习(七)

表一

题 号	(一)	+(二)	一(三)	余 数
(1)	2 046 738. 95	76 193. 85	60 148. 95	
一(2)	98 046. 17	9 784. 60	8 367. 04	
(3)	61 804. 35	371. 94	9 420. 18	
一(4)	90 173. 68	8 453. 07	371. 86	
(5)	84 705. 19	2 617. 58	7 154. 69	
一(6)	30 649. 87	4 705. 93	648. 53	
(7)	50 736. 98	867. 09	2 750. 41	
一(8)	79 845. 63	7 385. 46	871. 06	
(9)	70 649. 81	608. 57	7 485. 39	
一(10)	49 875. 30	329. 84	3 628. 47	
余 数				

表二

题 号	(一)	+(二)	一(三)	余 数
(1)	7 035 849. 62	3 428 706. 58	2 160 754. 98	
一(2)	87 015. 94	37 065. 94	56 718. 30	
(3)	90 638. 45	24 537. 60	34 197. 02	
一(4)	59 460. 72	58 496. 03	8 462. 59	
(5)	85 739. 64	9 614. 27	27 583. 64	
一(6)	90 584. 36	35 840. 76	45 820. 17	
(7)	2 084 536. 19	784 315. 29	3 496. 08	
一(8)	497 305. 16	90 738. 45	57 230. 97	
(9)	807 649. 37	417 309. 86	213 465. 80	
一(10)	86 437. 05	57 438. 69	21 659. 03	
余 数				

数码字小写练习

千	百	十	万	千	百	十	元	角	分	千	百	十	万	千	百	十	元	角	分	千	百	十	万	千	百	十	元	角	分	千	百	十	万	千	百	十	元	角	分

第三单元 珠算乘法练习

一、一位乘法练习

一位乘法具体练习（一）

（不定位）

(1) 286×2＝

(2) 354×7＝

(3) 813×7＝

(4) 748×2＝

(5) 651×3＝

(6) 947×7＝

(7) 186×5＝

(8) 293×8＝

(9) 417×3＝

(10) 238×7＝

(11) 7 309×2＝

(12) 2 018×7＝

(13) 7 826×3＝

(14) 4 093×9＝

(15) 1 765×7＝

(16) 3 169×4＝

(17) 4 346×3＝

(18) 9 107×4＝

(19) 2 381×5＝

(20) 7 174×8＝

(21) 31 048×9＝

(22) 72 863×4＝

(23) 45 172×7＝

(24) 86 094×2＝

(25) 31 742×5＝

(26) 13 826×7＝

(27) 47 385×2＝

(28) 91 278×3＝

(29) 36 509×8＝

(30) 47 812×6＝

(31) 36 047×9＝

(32) 81 259×2＝

(33) 41 073×5＝

(34) 26 491×7＝

(35) 80 746×3＝

(36) 256 371×9＝

(37) 194 083×6＝

(38) 509 362×8＝

(39) 713 846×5＝

(40) 274 018×3＝

(41) 906 371×2＝

(42) 843 925×6＝

(43) 407 283×9＝

(44) 912 748×3＝

(45) 365 029×5＝

(46) 813 914×2＝

(47) 720 846×5＝

(48) 318 472×9＝

(49) 615 037×4＝

(50) 821 604×7＝

数码字小写练习

千	百	十	万	千	百	十	元	角	分	千	百	十	万	千	百	十	元	角	分	千	百	十	万	千	百	十	元	角	分	千	百	十	万	千	百	十	元	角	分

一位乘法具体练习(二)

(不定位)

表一

实数 ＼ 法数	3	5	6	2	9	7	8	4
2 483								
7 069								
8 152								
4 308								
17 645								
90 126								
73 281								
46 092								
29 473								

表二

实数 ＼ 法数	8	2	4	7	3	6	5	8
306 851								
490 738								
261 047								
810 273								
438 092								
907 386								
20 749								
385 021								
72 394								

数码字小写练习

千	百	十	万	千	百	十	元	角	分	千	百	十	万	千	百	十	元	角	分	千	百	十	万	千	百	十	元	角	分	千	百	十	万	千	百	十	元	角	分

二、乘法积的定位练习

乘法积的定位具体练习(一)

1. 指出下列各数的最高位数字,填入( )内:

(1) 38.46( )   (2) 32.86( )   (3) 6 000( )

(4) 701.89( )   (5) 0.000 746( )   (6) 7.184( )

(7) 0.093 5( )   (8) 8.517( )   (9) 43.69( )

(10) 8.273 6( )   (11) 2.638( )   (12) 0.384 5( )

(13) 5 147( )   (14) 71 549( )   (15) 915.4( )

2. 指出下列各数的位数,填入( )内:

(1) 3 654( )   (2) 40.26( )   (3) 5.217( )

(4) 70 168( )   (5) 3 000( )   (6) 463.8( )

(7) 0.038 4( )   (8) 0.000 415 7( )   (9) 71.49( )

(10) 3.487( )   (11) 0.318 9( )   (12) 60 350( )

(13) 0.561 8( )   (14) 4 003( )   (15) 0.437 5( )

3. 检查下列各题的定位是否正确,定位对的在( )打"√",定位错的予以纠正:

(1) $0.386 \times 7\ 458 = 2.88$( )   (2) $21\ 790 \times 38 = 82\ 802$( )

(3) $215 \times 364 = 7\ 826$( )   (4) $4.357 \times 21 = 914.97$( )

(5) $7.351 \times 62 = 455.76$( )   (6) $81.6 \times 7.43 = 606.29$( )

(7) $4.68 \times 735 = 343.98$( )   (8) $0.004\ 72 \times 135 = 6.372$( )

(9) $80.16 \times 47 = 3\ 767.52$( )   (10) $675 \times 834 = 56\ 595$( )

数码字小写练习

千	百	十	万	千	百	十	元	角	分	千	百	十	万	千	百	十	元	角	分	千	百	十	万	千	百	十	元	角	分	千	百	十	万	千	百	十	元	角	分

乘法积的定位具体练习(二)

(1) 0.003 84×15

　盘面算珠　576

(2) 60.13×0.4

　盘面算珠　24 052

(3) 735×864

　盘面算珠　63 504

(4) 0.213 7×400

　盘面算珠　8 548

(5) 8.194×0.3

　盘面算珠　24 582

(6) 41.5×30.8

　盘面算珠　12 782

(7) 5 416×0.07

　盘面算珠　37 912

(8) 2 100×0.04

　盘面算珠　84

(9) 125×0.008

　盘面算珠　1

(10) 475×36

　盘面算珠　171

(11) 0.05×0.048

　盘面算珠　2

(12) 3 000×0.000 5

　盘面算珠　15

(13) 164×30

　盘面算珠　492

(14) 8.37×0.4

　盘面算珠　3 348

(15) 0.05×0.002

　盘面算珠　1

(16) 325×0.6

　盘面算珠　195

(17) 48.3×75

　盘面算珠　36 225

(18) 25.4×36

　盘面算珠　9 144

(19) 738×15

　盘面算珠　1 107

(20) 4.32×1.6

　盘面算珠　6 912

数码字小写练习

千	百	十	万	千	百	十	元	角	分	千	百	十	万	千	百	十	元	角	分	千	百	十	万	千	百	十	元	角	分	千	百	十	万	千	百	十	元	角	分

乘法积的定位具体练习(三)

(1) 24.36×5＝

(2) 7 185×0.04＝

(3) 34.69×200＝

(4) 502.3×0.6＝

(5) 1 847×9＝

(6) 91 240×0.03＝

(7) 6 573×0.4＝

(8) 40.58×6＝

(9) 314.6×80＝

(10) 70.39×200＝

(11) 514.7×0.9＝

(12) 3 806×0.07＝

(13) 0.923 5×400＝

(14) 41.28×3＝

(15) 730.6×0.5＝

(16) 2.674×80＝

(17) 0.315 9×2.000＝

(18) 4 593×0.06＝

(19) 60 180×0.004＝

(20) 87.42×3＝

(21) 392.6×0.5＝

(22) 6 837×9＝

(23) 546.9×0.7＝

(24) 47.03×800＝

(25) 324.8×0.6＝

(26) 7 491×0.05＝

(27) 36.52×40＝

(28) 0.814 7×600＝

(29) 651.9×70＝

(30) 403.8×0.2＝

(31) 25.06×0.03＝

(32) 18.47×90＝

(33) 0.918 3×400＝

(34) 0.036 54×8 000＝

(35) 510.9×0.7＝

(36) 42.31×6＝

(37) 3.827×500＝

(38) 90 150×0.03＝

(39) 62.18×4＝

(40) 5.736×200＝

(41) 3.284×70＝

(42) 715 300×0.000 6＝

(43) 267.9×0.04＝

(44) 40.16×50＝

(45) 9.235×8＝

(46) 70 510×90＝

(47) 3 469×0.07＝

(48) 21 840×0.003＝

(49) 609.2×0.8＝

(50) 36.25×400＝

数码字小写练习

千	百	十	万	千	百	十	元	角	分	千	百	十	万	千	百	十	元	角	分	千	百	十	万	千	百	十	元	角	分	千	百	十	万	千	百	十	元	角	分

乘法积的定位具体练习(四)

(1) 25.73×400＝

(2) 61 840×0.07＝

(3) 0.709 5×60＝

(4) 325.8×0.9＝

(5) 41.67×30＝

(6) 814.5×0.02＝

(7) 620.9×50＝

(8) 38 450×0.007＝

(9) 6.758×400＝

(10) 127.6×0.8＝

(11) 409.2×30＝

(12) 341 800×0.006＝

(13) 923.6×0.8＝

(14) 0.734 8×2 000＝

(15) 6.537×90＝

(16) 8 459×6＝

(17) 362.4×5＝

(18) 78 150×0.04＝

(19) 4.097×800＝

(20) 82.56×70＝

(21) 3 104×0.02＝

(22) 16.25×0.9＝

(23) 478.6×0.5＝

(24) 3.207×400＝

(25) 25 930×0.06＝

(26) 594.8×30＝

(27) 37 820×0.006＝

(28) 0.761 5×800＝

(29) 42.63×70＝

(30) 0.154 7×200＝

(31) 3 025×9＝

(32) 93.18×40＝

(33) 65 340×0.07＝

(34) 72.16×0.5＝

(35) 5.473×600＝

(36) 86.04×0.3＝

(37) 412.5×60＝

(38) 376.9×0.2＝

(39) 14 350×0.07＝

(40) 7 021×8＝

(41) 84.37×50＝

(42) 615.8×9＝

(43) 0.430 2×70＝

(44) 2 730×0.6＝

(45) 51 640×0.03＝

(46) 73.45×20＝

(47) 812.6×4＝

(48) 9 263×7＝

(49) 71.45×60＝

(50) 123.7×500＝

数码字小写练习

千	百	十	万	千	百	十	元	角	分	千	百	十	万	千	百	十	元	角	分	千	百	十	万	千	百	十	元	角	分	千	百	十	万	千	百	十	元	角	分

三、二位乘法练习

二位乘法具体练习（一）

(1) 4 623×85＝

(2) 7 158×34＝

(3) 6 245×51＝

(4) 3 082×63＝

(5) 1 256×78＝

(6) 4 132×93＝

(7) 6 584×27＝

(8) 3 267×54＝

(9) 8 193×62＝

(10) 9 408×35＝

(11) 3 725×49＝

(12) 5 608×12＝

(13) 7 463×85＝

(14) 2 576×41＝

(15) 8 047×62＝

(16) 3 159×74＝

(17) 4 736×29＝

(18) 8 219×57＝

(19) 3 462×81＝

(20) 7 593×46＝

(21) 2 761×35＝

(22) 9 214×73＝

(23) 3 582×16＝

(24) 7 146×82＝

(25) 5 731×48＝

(26) 8 513×46＝

(27) 4 276×18＝

(28) 3 548×27＝

(29) 6 017×59＝

(30) 1 356×48＝

(31) 8 274×16＝

(32) 6 519×32＝

(33) 4 387×69＝

(34) 1 835×47＝

(35) 9 102×58＝

(36) 4 573×16＝

(37) 8 164×35＝

(38) 3 825×74＝

(39) 7 149×53＝

(40) 2 638×91＝

(41) 7 156×82＝

(42) 3 069×45＝

(43) 4 817×63＝

(44) 6 194×27＝

(45) 7 508×93＝

(46) 6 735×41＝

(47) 1 064×35＝

(48) 3 748×62＝

(49) 5 263×14＝

(50) 4 785×36＝

数码字小写练习

千	百	十	万	千	百	十	元	角	分	千	百	十	万	千	百	十	元	角	分	千	百	十	万	千	百	十	元	角	分	千	百	十	万	千	百	十	元	角	分

二位乘法具体练习(二)

(二位数乘法、小数题要求保留两位小数,以下同)

(1) 5 437×0.19＝

(2) 615.8×2.3＝

(3) 0.324 9×670＝

(4) 80 360×0.048＝

(5) 7 182×35＝

(6) 350.6×1.2＝

(7) 47.58×93＝

(8) 1.925×47＝

(9) 384.7×2.6＝

(10) 95.06×1.4＝

(11) 3 251×0.78＝

(12) 4.019×35＝

(13) 843.6×1.7＝

(14) 72.18×5.6＝

(15) 9 635×28＝

(16) 0.082 74×910＝

(17) 41.68×72＝

(18) 903.7×4.5＝

(19) 35.46×29＝

(20) 1 738×0.64＝

(21) 25.69×3.1＝

(22) 0.318 4×920＝

(23) 7.856×41＝

(24) 403.8×6.9＝

(25) 6 715×0.38＝

(26) 1.386×470＝

(27) 725.4×6.3＝

(28) 36.28×54＝

(29) 4 916×0.37＝

(30) 80.91×2.5＝

(31) 27.05×6.4＝

(32) 3 846×0.21＝

(33) 91 280×0.036＝

(34) 72.35×4.8＝

(35) 864.7×0.15＝

(36) 31.26×8.4＝

(37) 7.093×620＝

(38) 84.65×3.1＝

(39) 18.79×4.5＝

(40) 267.3×9.5＝

(41) 30.56×0.17＝

(42) 473.1×0.82＝

(43) 85.64×23＝

(44) 0.645×790＝

(45) 3.864×510＝

(46) 72.31×4.6＝

(47) 2 547×0.38＝

(48) 618.2×7.4＝

(49) 46.73×5.2＝

(50) 5.192×36＝

数码字小写练习

千	百	十	万	千	百	十	元	角	分	千	百	十	万	千	百	十	元	角	分	千	百	十	万	千	百	十	元	角	分	千	百	十	万	千	百	十	元	角	分

四、多位乘法练习

多位乘法具体练习（一）

(1) 182×376＝

(2) 409×523＝

(3) 735×618＝

(4) 561×374＝

(5) 239×506＝

(6) 628×319＝

(7) 409×237＝

(8) 815×604＝

(9) 364×529＝

(10) 917×385＝

(11) 673×254＝

(12) 819×372＝

(13) 471×583＝

(14) 628×954＝

(15) 302×416＝

(16) 513×209＝

(17) 324×817＝

(18) 692×508＝

(19) 176×249＝

(20) 801×672＝

(21) 365×418＝

(22) 274×385＝

(23) 643×271＝

(24) 804×516＝

(25) 352×478＝

(26) 472×813＝

(27) 291×408＝

(28) 654×762＝

(29) 378×519＝

(30) 415×237＝

(31) 942×385＝

(32) 216×748＝

(33) 375×614＝

(34) 823×147＝

(35) 658×903＝

(36) 196×825＝

(37) 347×106＝

(38) 635×478＝

(39) 901×354＝

(40) 726×819＝

(41) 465×207＝

(42) 849×352＝

(43) 718×604＝

(44) 256×913＝

(45) 873×205＝

(46) 412×369＝

(47) 357×416＝

(48) 517×608＝

(49) 184×325＝

(50) 705×849＝

数码字小写练习

千	百	十	万	千	百	十	元	角	分	千	百	十	万	千	百	十	元	角	分	千	百	十	万	千	百	十	元	角	分	千	百	十	万	千	百	十	元	角	分

多位乘法具体练习(二)

(1) 23.84×71.6＝

(2) 183.5×4.69＝

(3) 3 567×0.182＝

(4) 9.216×538＝

(5) 75.63×9.41＝

(6) 823.6×1.74＝

(7) 35.64×21.9＝

(8) 4 618×753＝

(9) 28.31×6.05＝

(10) 73.26×41.8＝

(11) 3 207×0.165＝

(12) 13.47×8.26＝

(13) 825.6×31.7＝

(14) 6 134×0.209＝

(15) 78.91×4.35＝

(16) 503.8×16.9＝

(17) 31.46×8.25＝

(18) 4.719×28.3＝

(19) 643.5×19.2＝

(20) 16.74×3.58＝

(21) 41.09×72.6＝

(22) 8.316×90.4＝

(23) 0.743 5×127＝

(24) 51.09×48.2＝

(25) 374.2×8.16＝

(26) 3 056×0.182＝

(27) 47.28×6.53＝

(28) 194.2×80.6＝

(29) 31.57×4.69＝

(30) 520.3×74.8＝

(31) 67.24×35.1＝

(32) 814.9×26.7＝

(33) 350.2×4.19＝

(34) 9 137×0.284＝

(35) 1.708×35.2＝

(36) 416.2×7.35＝

(37) 84.19×20.7＝

(38) 650.4×17.2＝

(39) 47.08×3.19＝

(40) 835.6×27.1＝

(41) 1 543×0.682＝

(42) 7 602×813＝

(43) 358.4×47.6＝

(44) 912.5×3.87＝

(45) 62.18×70.5＝

(46) 35.61×42.9＝

(47) 183.6×2.05＝

(48) 706.8×32.1＝

(49) 457.3×2.86＝

(50) 84.07×16.5＝

数码字小写练习

千	百	十	万	千	百	十	元	角	分	千	百	十	万	千	百	十	元	角	分	千	百	十	万	千	百	十	元	角	分	千	百	十	万	千	百	十	元	角	分

多位乘法具体练习(三)

(1) 6 047×8 195＝

(2) 4 318×2 056＝

(3) 7 286×3 901＝

(4) 5 347×1 682＝

(5) 9 105×3 748＝

(6) 2 675×4 083＝

(7) 5 219×3 674＝

(8) 8 346×7 152＝

(9) 1 637×2 058＝

(10) 3 572×4 619＝

(11) 2 347×6 195＝

(12) 7 095×3 248＝

(13) 4 673×8 152＝

(14) 9 531×4 087＝

(15) 1 846×2 753＝

(16) 5 127×3 068＝

(17) 4 809×7 125＝

(18) 2 716×9 304＝

(19) 3 628×5 147＝

(20) 6 071×2 359＝

(21) 8 142×7 035＝

(22) 3 756×4 192＝

(23) 1 329×6 405＝

(24) 8 172×4 956＝

(25) 3 021×5 748＝

(26) 2 374×6 015＝

(27) 8 413×9 267＝

(28) 3 856×4 129＝

(29) 7 029×3 145＝

(30) 6 201×8 439＝

(31) 5 437×6 108＝

(32) 4 219×7 356＝

(33) 9 035×4 127＝

(34) 3 746×8 512＝

(35) 1 387×6 495＝

(36) 3 142×5 807＝

(37) 4 726×3 158＝

(38) 1 247×8 369＝

(39) 7 015×4 623＝

(40) 5 246×8 719＝

(41) 3 168×7 405＝

(42) 9 243×5 176＝

(43) 8 031×2 749＝

(44) 3 215×6 074＝

(45) 4 379×8 125＝

(46) 3 706×8 154＝

(47) 7 123×9 046＝

(48) 5 274×1 839＝

(49) 9 465×3 182＝

(50) 4 723×6 051＝

数码字小写练习

千	百	十	万	千	百	十	元	角	分	千	百	十	万	千	百	十	元	角	分	千	百	十	万	千	百	十	元	角	分	千	百	十	万	千	百	十	元	角	分

多位乘法具体练习(四)

(1) 3 128×5 074＝

(2) 6 273×9 156＝

(3) 4 826×729.3＝

(4) 6 047×0.813 9＝

(5) 21.58×67.34＝

(6) 301.9×46.58＝

(7) 82.37×18.45＝

(8) 9 043×8 126＝

(9) 71.45×60.38＝

(10) 2.836×519.4＝

(11) 3 168×7 429＝

(12) 87.01×362.5＝

(13) 9 043×81.52＝

(14) 467.8×35.21＝

(15) 87.36×29.41＝

(16) 0.031 56×4 728＝

(17) 9 403×6.175＝

(18) 359.4×80.26＝

(19) 93.72×1.685＝

(20) 3 846×0.027 15＝

(21) 0.903 5×4 126＝

(22) 837.4×95.02＝

(23) 42.83×16.07＝

(24) 2 763×40.87＝

(25) 9.154×3 876＝

(26) 6 291×40.73＝

(27) 80.54×31.69＝

(28) 0.743 6×8 215＝

(29) 409.5×37.68＝

(30) 13.74×80.52＝

(31) 6 038×0.914 5＝

(32) 39.25×74.61＝

(33) 824.6×193.7＝

(34) 71.53×824.6＝

(35) 1 394×2 068＝

(36) 45.09×317.2＝

(37) 532.8×106.9＝

(38) 7 146×3.825＝

(39) 943.5×2 678＝

(40) 60.18×37.42＝

(41) 8 173×4 605＝

(42) 0.029 46×3 158＝

(43) 41.09×87.36＝

(44) 5.247×3 908＝

(45) 71.56×824.3＝

(46) 69.02×31.85＝

(47) 417.6×28.09＝

(48) 3.126×704.8＝

(49) 9 237×6 154＝

(50) 5 043×0.726＝

数码字小写练习

千	百	十	万	千	百	十	元	角	分	千	百	十	万	千	百	十	元	角	分	千	百	十	万	千	百	十	元	角	分	千	百	十	万	千	百	十	元	角	分

多位乘法具体练习(五)

(1) 412.38×9.056＝

(2) 3 694.2×18.75＝

(3) 204.69×51.78＝

(4) 6.325×1 074.9＝

(5) 8 137×29 604＝

(6) 47.57×9 083.4＝

(7) 7 560.2×34.91＝

(8) 203.76×19.54＝

(9) 0.931 6×82 705＝

(10) 32.64×170.59＝

(11) 5 431.8×90.27＝

(12) 820.91×543.6＝

(13) 67.385×149.2＝

(14) 7.103 9×825.4＝

(15) 315.2×470.68＝

(16) 73.64×812.95＝

(17) 5 078×3.216 4＝

(18) 93.45×189.02＝

(19) 419.02×35.68＝

(20) 1 473.6×290.5＝

(21) 32 571×9.486＝

(22) 80.347×61.52＝

(23) 4 653×10 827＝

(24) 912.4×83.605＝

(25) 503.5×9.127 4＝

(26) 3.125×1 716.8＝

(27) 406.7×382.59＝

(28) 9 136×52 074＝

(29) 276.9×315.48＝

(30) 61.72×408.35＝

(31) 8 430.6×17.29＝

(32) 92 541×3 867＝

(33) 45 078×1 293＝

(34) 291.84×706.3＝

(35) 739.52×18.46＝

(36) 14.38×603.25＝

(37) 3 512×87 406＝

(38) 5.873×102.64＝

(39) 81.46×3 750.9＝

(40) 43.62×591.78＝

(41) 91 307×0.456 2＝

(42) 5.461 9×3 708＝

(43) 26.034×189.5＝

(44) 412.78×56.03＝

(45) 280.19×473.5＝

(46) 316.7×904.58＝

(47) 192.4×375.06＝

(48) 40.25×1 863.7＝

(49) 0.814 6×7 025.3＝

(50) 4 592×38 601＝

数码字小写练习

千	百	十	万	千	百	十	元	角	分	千	百	十	万	千	百	十	元	角	分	千	百	十	万	千	百	十	元	角	分	千	百	十	万	千	百	十	元	角	分

多位乘法具体练习(六)

(1) 216.04×395.8=

(2) 8 347.2×16.09=

(3) 40.893×2 157=

(4) 35 468×9 201=

(5) 4.231 5×8 947=

(6) 169.4×35.082=

(7) 72.13×846.05=

(8) 9 301×72 546=

(9) 578.2×3 610.9=

(10) 0.481 9×62 753=

(11) 860.37×154.2=

(12) 31 694×8.275=

(13) 4 570.6×18.93=

(14) 12 549×3.706=

(15) 26 873×5 140=

(16) 724.1×693.08=

(17) 2 567×30.814=

(18) 1 605×0.479 32=

(19) 921.8×5.674 3=

(20) 65.32×2 710.8=

(21) 3 561.9×4.287=

(22) 237.46×18.05=

(23) 81.423×7 609=

(24) 506.18×924.3=

(25) 73 542×1.806=

(26) 32.51×470.69=

(27) 8 306×29 451=

(28) 716.8×352.04=

(29) 92.57×1 043.6=

(30) 5.034×21 678=

(31) 15 392×7 084=

(32) 48 276×0.159 3=

(33) 329.08×476.5=

(34) 2 017.4×35.36=

(35) 753.26×10.84=

(36) 6.159×7 342.8=

(37) 37.08×210.95=

(38) 8 145×3.072 6=

(39) 2 504×48 963=

(40) 169.3×250.74=

(41) 315.68×20.49=

(42) 461.02×387.5=

(43) 27.681×4 903=

(44) 81 274×3 695=

(45) 524.16×70.38=

(46) 7 291×38 406=

(47) 2 538×71.694=

(48) 361.2×5.780 9=

(49) 0.927 4×83 516=

(50) 7 165×38 290=

数码字小写练习

千	百	十	万	千	百	十	元	角	分	千	百	十	万	千	百	十	元	角	分	千	百	十	万	千	百	十	元	角	分	千	百	十	万	千	百	十	元	角	分

多位乘法具体练习(七)

(1) 31.48×905.6＝

(2) 257.3×61.49＝

(3) 9.435×802.7＝

(4) 438.6×1.725＝

(5) 8 154×3 062＝

(6) 903.5×412.8＝

(7) 71.63×29.45＝

(8) 386.1×407.9＝

(9) 2 548×3 167＝

(10) 91.26×830.5＝

(11) 473.5×91.62＝

(12) 35.21×40.97＝

(13) 517.4×2.386＝

(14) 60.15×874.2＝

(15) 1 847×2 093＝

(16) 4 126×853.7＝

(17) 9.208×4 175＝

(18) 8 514×2 639＝

(19) 72.36×518.4＝

(20) 6.735×140.8＝

(21) 34.76×21.85＝

(22) 921.8×735.6＝

(23) 30.57×216.8＝

(24) 476.1×39.82＝

(25) 23.74×1.896＝

(26) 35.19×40.28＝

(27) 615.4×387.2＝

(28) 47.62×195.3＝

(29) 925.1×47.06＝

(30) 5 387×2 169＝

(31) 326.1×50.47＝

(32) 8 175×6.234＝

(33) 7.154×3 802＝

(34) 16.73×502.9＝

(35) 27.86×31.05＝

(36) 46.78×109.3＝

(37) 2.184×3 706＝

(38) 54.09×18.67＝

(39) 8.432×910.5＝

(40) 362.4×57.68＝

(41) 1 543×2 679＝

(42) 83.14×70.56＝

(43) 9 231×8.674＝

(44) 512.8×309.6＝

(45) 47.62×18.39＝

(46) 6 154×3 802＝

(47) 78.16×429.3＝

(48) 540.9×31.87＝

(49) 201.3×943.5＝

(50) 1 784×6 059＝

数码字小写练习

58

多位乘法具体练习(八)

(1) 1 572×3 084＝
(2) 812.6×73.09＝
(3) 43.85×267.1＝
(4) 3 674×0.512 9＝
(5) 6 128×4.973＝
(6) 4.562×9 314＝
(7) 87.46×15.32＝
(8) 650.8×3.127＝
(9) 42.83×69.15＝
(10) 315.9×8.064＝
(11) 47.36×195.8＝
(12) 3 542×6 107＝
(13) 9.326×4 812＝
(14) 817.3×26.49＝
(15) 5.018×732.4＝
(16) 6 135×2 047＝
(17) 382.9×41.65＝
(18) 735.6×1 809＝
(19) 81.47×29.03＝
(20) 741.3×85.96＝
(21) 3 259×1 674＝
(22) 86.31×205.7＝
(23) 478.3×6.592＝
(24) 7.126×834.9＝
(25) 90.34×71.28＝

(26) 6 153×2 748＝
(27) 184.6×39.02＝
(28) 73.62×189.4＝
(29) 2 037×4 156＝
(30) 914.3×702.5＝
(31) 57.36×62.18＝
(32) 940.3×1.562＝
(33) 3 147×2 096＝
(34) 8.239×7 641＝
(35) 46.05×138.7＝
(36) 7 218×6 409＝
(37) 483.6×75.12＝
(38) 32.91×408.7＝
(39) 635.2×184.9＝
(40) 79.63×21.48＝
(41) 3 629×4 715＝
(42) 2.098×734.1＝
(43) 562.7×3.869＝
(44) 71.04×92.35＝
(45) 428.7×6.103＝
(46) 5.462×310.9＝
(47) 732.5×94.81＝
(48) 614.2×37.08＝
(49) 92.36×81.74＝
(50) 4 159×2 036＝

数码字小写练习

千	百	十	万	千	百	十	元	角	分	千	百	十	万	千	百	十	元	角	分	千	百	十	万	千	百	十	元	角	分	千	百	十	万	千	百	十	元	角	分

59

多位乘法具体练习(九)

(1) 61.87×93.05＝

(2) 25.43×167.8＝

(3) 3.069×2 154＝

(4) 7 186×3 092＝

(5) 48.39×760.1＝

(6) 1 723×4.068＝

(7) 35.12×94.76＝

(8) 580.9×31.64＝

(9) 7 328×6 105＝

(10) 8 164×7 239＝

(11) 6.587×3 194＝

(12) 180.4×69.32＝

(13) 39.26×415.8＝

(14) 7 461×3 905＝

(15) 9 248×1.763＝

(16) 512.7×46.08＝

(17) 8 324×0.176 5＝

(18) 47.36×820.1＝

(19) 1 658×2 037＝

(20) 350.6×947.8＝

(21) 0.257 3×1 894＝

(22) 7.251×3 086＝

(23) 481.6×27.35＝

(24) 96.23×814.7＝

(25) 534.2×10.69＝

(26) 761.5×3.604＝

(27) 48.37×51.92＝

(28) 6 408×7 315＝

(29) 2.736×189.4＝

(30) 326.1×90.54＝

(31) 618.4×5.372＝

(32) 50.23×179.6＝

(33) 384.5×29.67＝

(34) 8.193×4 206＝

(35) 9 241×3.865＝

(36) 7 632×8 109＝

(37) 52.19×634.8＝

(38) 185.7×30.69＝

(39) 6 073×5 124＝

(40) 316.7×82.95＝

(41) 24.36×518.7＝

(42) 1 802×3 746＝

(43) 9.321×7 468＝

(44) 519.3×40.27＝

(45) 0.354 2×6 178＝

(46) 81.29×74.03＝

(47) 1 924×3.056＝

(48) 7 462×8 159＝

(49) 3.147×2 608＝

(50) 5 219×3 784＝

数码字小写练习

千	百	十	万	千	百	十	元	角	分	千	百	十	万	千	百	十	元	角	分	千	百	十	万	千	百	十	元	角	分	千	百	十	万	千	百	十	元	角	分

五、变通乘法练习

变通乘法具体练习(一)

(补数、凑整乘法)

(1) 4 238×0.99＝

(2) 31.74×96＝

(3) 520.3×9.7＝

(4) 0.418 5×90＝

(5) 26.73×9.8＝

(6) 3 154×996＝

(7) 729.3×99.8＝

(8) 85.12×9.97＝

(9) 4 306×992＝

(10) 2.678×97.3＝

(11) 61.52×99.9＝

(12) 346.1×90.5＝

(13) 72.38×94.3＝

(14) 851.9×9.83＝

(15) 9 327×908＝

(16) 57.42×99.96＝

(17) 38.56×909.8＝

(18) 4.365×9 928＝

(19) 7 541×0.909 6＝

(20) 0.305 7×999.9＝

(21) 21.34×91.94＝

(22) 5 273×9 099＝

(23) 18.46×91.97＝

(24) 39.72×939.5＝

(25) 8 103×9 076＝

(26) 8 174×91＝

(27) 7 608×13＝

(28) 3 125×89＝

(29) 4 672×94＝

(30) 9 136×87＝

(31) 52.83×10.2＝

(32) 46.09×1.13＝

(33) 381.7×1.04＝

(34) 6 549×107＝

(35) 4 856×0.109＝

(36) 71.28×80.2＝

(37) 356.4×9.16＝

(38) 1 639×116＝

(39) 543.1×2.17＝

(40) 0.487 6×498＝

(41) 3 024×319＝

(42) 93.57×604＝

(43) 126.3×3.97＝

(44) 74.18×49.3＝

(45) 6 572×5 104＝

(46) 364.7×92.18＝

(47) 8 159×4.165＝

(48) 267.1×70.49＝

(49) 4 038×6 093＝

(50) 5 246×1.089＝

数码字小写练习

千	百	十	万	千	百	十	元	角	分	千	百	十	万	千	百	十	元	角	分	千	百	十	万	千	百	十	元	角	分	千	百	十	万	千	百	十	元	角	分

变通乘法具体练习(二)

(倍数乘法)

(1) 4 162×5＝

(2) 8 473×4＝

(3) 6 108×9＝

(4) 4 836×3＝

(5) 7 352×6＝

(6) 3 847×2＝

(7) 6 158×7＝

(8) 9 314×8＝

(9) 2 016×52＝

(10) 3 562×46＝

(11) 1 638×63＝

(12) 5 201×28＝

(13) 3 647×79＝

(14) 9 185×41＝

(15) 4 376×35＝

(16) 6 578×16＝

(17) 3 159×28＝

(18) 4 026×94＝

(19) 8 245×37＝

(20) 9 354×61＝

(21) 7 023×18＝

(22) 1 546×32＝

(23) 3 829×71＝

(24) 4 183×56＝

(25) 5 612×29＝

(26) 31.84×25.9＝

(27) 402.8×7.65＝

(28) 71.56×0.387＝

(29) 3.847×563＝

(30) 9 018×742＝

(31) 2.594×186＝

(32) 32.18×95.1＝

(33) 407.5×3.82＝

(34) 1.593×726＝

(35) 7 126×594＝

(36) 38.47×21.5＝

(37) 615.9×3.74＝

(38) 2 094×806＝

(39) 81.63×9.15＝

(40) 0.745 6×482＝

(41) 90.15×21.49＝

(42) 384.6×91.57＝

(43) 47.68×509.2＝

(44) 7.305×4 128＝

(45) 651.2×30.94＝

(46) 3 841×6.207＝

(47) 2 073×4 865＝

(48) 615.4×30.92＝

(49) 9 635×1.847＝

(50) 41.67×20.83＝

数码字小写练习

千	百	十	万	千	百	十	元	角	分	千	百	十	万	千	百	十	元	角	分	千	百	十	万	千	百	十	元	角	分	千	百	十	万	千	百	十	元	角	分

变通乘法具体练习（三）

（省乘法）

(1) 163.784×273.568 9＝

(2) 408.159×36.721 98＝

(3) 86.473 6×13.568 07＝

(4) 386.251×47.189 36＝

(5) 45.879 3×268.751 9＝

(6) 28.465 79×8 176.394＝

(7) 3.125 796×4 028.937＝

(8) 643.581 7×265.918 3＝

(9) 91.384 52×612.071 8＝

(10) 38.467 91×207.831 6＝

(11) 502.738 4×36 984.21＝

(12) 6 158.743×901.256 8＝

(13) 43 867.18×7 462.319＝

(14) 1 635.924×371.562 8＝

(15) 584.736 2×4 983.605＝

(16) 2 735.461×30 895.16＝

(17) 483.071 9×645.387 2＝

(18) 348.629×57.364 81＝

(19) 73.518 6×294.831 7＝

(20) 943.651 2×784.165 9＝

(21) 36.894 2×910.735＝

(22) 8 172.394×40.268 71＝

(23) 572.693×74.385 6＝

(24) 3 621.58×4.274 39＝

(25) 820.173×38.465 7＝

(26) 30.697 14×0.532＝

(27) 6.195 483×45.219 6＝

(28) 0.392 753 1×64.902 7＝

(29) 54.318 274×0.786 291＝

(30) 602.914 87×8.916 35＝

(31) 0.724 395 1×6.540 3＝

(32) 1.832 76×59.624 71＝

(33) 0.491 862×39.167 54＝

(34) 78.359 21×0.359 62＝

(35) 319.724 6×0.573 849＝

(36) 4.359 218×590.724 3＝

(37) 420.593 8×0.007 431 9＝

(38) 31.624 75×8.924 36＝

(39) 52.473 861×6.274 135＝

(40) 0.051 429 6×18.597 3＝

(41) 39.624 75×8.204 931＝

(42) 0.007 469 51×856.943＝

(43) 65.942 738×0.591 86＝

(44) 5.926 741×360.592 6＝

(45) 31.082 95×54.073 69＝

(46) 81.934 72×62.584 3＝

(47) 2.543 961×8.701 39＝

(48) 296.475 3×18.094 75＝

(49) 0.724 396×5.804 7＝

(50) 136.902 7×0.724 83＝

数码字小写练习

千	百	十	万	千	百	十	元	角	分	千	百	十	万	千	百	十	元	角	分	千	百	十	万	千	百	十	元	角	分	千	百	十	万	千	百	十	元	角	分

第四单元　珠算除法练习

一、一位除法练习

一位除法具体练习（一）

（不定位）

(1) 2 052÷3＝

(2) 1 785÷5＝

(3) 4 781÷7＝

(4) 5 733÷9＝

(5) 1 706÷2＝

(6) 2 548÷4＝

(7) 3 736÷8＝

(8) 5 124÷6＝

(9) 1 360÷2＝

(10) 2 430÷5＝

(11) 2 104÷5＝

(12) 1 944÷3＝

(13) 2 082÷6＝

(14) 1 404÷9＝

(15) 3 008÷4＝

(16) 4 578÷7＝

(17) 1 854÷9＝

(18) 824÷4＝

(19) 845÷5＝

(20) 2 056÷8＝

(21) 2 346÷6＝

(22) 981÷3＝

(23) 938÷2＝

(24) 2 478÷7＝

(25) 2 768÷8＝

(26) 952÷4＝

(27) 2 214÷6＝

(28) 874÷2＝

(29) 3 065÷5＝

(30) 2 523÷3＝

(31) 3 738÷7＝

(32) 2 412÷9＝

(33) 1 008÷8＝

(34) 788÷2＝

(35) 944÷4＝

(36) 3 054÷6＝

(37) 5 392÷8＝

(38) 1 407÷3＝

(39) 1 340÷5＝

(40) 4 438÷7＝

(41) 1 512÷9＝

(42) 868÷4＝

(43) 924÷3＝

(44) 3 405÷5＝

(45) 3 492÷6＝

(46) 1 906÷2＝

(47) 4 501÷7＝

(48) 7 608÷8＝

(49) 972÷9＝

(50) 561÷3＝

数码字小写练习

千	百	十	万	千	百	十	元	角	分	千	百	十	万	千	百	十	元	角	分	千	百	十	万	千	百	十	元	角	分	千	百	十	万	千	百	十	元	角	分

一位除法具体练习(二)

(可用归除法等验算,不定位)

(1) 7 074÷3＝

(2) 8 756÷2＝

(3) 8 676÷4＝

(4) 10 410÷6＝

(5) 48 120÷5＝

(6) 16 688÷7＝

(7) 9 612÷9＝

(8) 50 352÷8＝

(9) 7 632÷2＝

(10) 38 536÷4＝

(11) 8 052÷3＝

(12) 31 620÷5＝

(13) 32 094÷6＝

(14) 9 944÷8＝

(15) 10 941÷7＝

(16) 57 852÷9＝

(17) 7 142÷2＝

(18) 9 276÷4＝

(19) 50 592÷8＝

(20) 14 148÷6＝

(21) 20 163÷3＝

(22) 13 405÷5＝

(23) 43 981÷7＝

(24) 9 684÷9＝

(25) 7 404÷3＝

(26) 9 868÷4＝

(27) 8 913÷3＝

(28) 47 305÷5＝

(29) 12 874÷2＝

(30) 29 478÷6＝

(31) 50 728÷8＝

(32) 18 501÷7＝

(33) 41 418÷9＝

(34) 7 962÷3＝

(35) 38 092÷4＝

(36) 29 568÷6＝

(37) 31 585÷5＝

(38) 43 988÷7＝

(39) 12 696÷2＝

(40) 10 112÷8＝

(41) 9 513÷9＝

(42) 5 919÷3＝

(43) 8 722÷2＝

(44) 16 375÷5＝

(45) 8 848÷7＝

(46) 10 076÷4＝

(47) 50 192÷8＝

(48) 47 349÷9＝

(49) 7 148÷2＝

(50) 8 043÷3＝

数码字小写练习

千	百	十	万	千	百	十	元	角	分	千	百	十	万	千	百	十	元	角	分	千	百	十	万	千	百	十	元	角	分	千	百	十	万	千	百	十	元	角	分

二、除法商的定位法练习

除法商的定位法具体练习（一）

(1) 124.17÷30＝

盘面数 4 139

(2) 10.524÷400＝

盘面数 2 631

(3) 0.169 26÷0.7＝

盘面数 2 418

(4) 721.68÷0.008＝

盘面数 9 021

(5) 1 227.6÷2 000＝

盘面数 6 138

(6) 0.201 16÷0.4＝

盘面数 5 029

(7) 873 600÷6 000＝

盘面数 1 456

(8) 0.953 1÷900＝

盘面数 1 059

(9) 130.56÷0.06＝

盘面数 2 176

(10) 0.146 08÷0.000 8＝

盘面数 1 826

(11) 428.96÷0.07＝

盘面数 6 128

(12) 579.68÷800＝

盘面数 7 246

(13) 0.059 16÷0.004＝

盘面数 1 479

(14) 591 600÷60 000＝

盘面数 2 057

(15) 12.807÷0.09＝

盘面数 1 423

(16) 644.4÷300＝

盘面数 2 148

(17) 336.95÷0.05＝

盘面数 6 739

(18) 1 825.2÷20＝

盘面数 9 126

(19) 428.75÷700＝

盘面数 6 125

(20) 0.952 2÷0.09＝

盘面数 1 058

数码字小写练习

千	百	十	万	千	百	十	元	角	分	千	百	十	万	千	百	十	元	角	分	千	百	十	万	千	百	十	元	角	分	千	百	十	万	千	百	十	元	角	分

除法商的定位法具体练习(二)

(1) $197.91 \div 0.3 =$

(2) $436.38 \div 700 =$

(3) $10\ 832 \div 0.08 =$

(4) $316.44 \div 9\ 000 =$

(5) $312.15 \div 50 =$

(6) $67.88 \div 0.4 =$

(7) $895.2 \div 600 =$

(8) $70.92 \div 0.02 =$

(9) $247.32 \div 400 =$

(10) $143.04 \div 0.6 =$

(11) $306.9 \div 500 =$

(12) $490.96 \div 80 =$

(13) $96.03 \div 0.09 =$

(14) $95.13 \div 700 =$

(15) $185.85 \div 0.03 =$

(16) $713.6 \div 20 =$

(17) $250.92 \div 400 =$

(18) $92.04 \div 0.06 =$

(19) $482.72 \div 0.8 =$

(20) $100.66 \div 700 =$

(21) $27\ 486 \div 9\ 000 =$

(22) $17.289 \div 0.03 =$

(23) $19.11 \div 600 =$

(24) $9.478 \div 0.7 =$

(25) $85.36 \div 800 =$

(26) $211.08 \div 600 =$

(27) $190.26 \div 0.02 =$

(28) $0.925\ 2 \div 90 =$

(29) $94.36 \div 0.4 =$

(30) $315.60 \div 500 =$

(31) $442.75 \div 0.007 =$

(32) $80\ 220 \div 3\ 000 =$

(33) $490 \div 0.008 =$

(34) $73\ 080 \div 200 =$

(35) $5\ 901 \div 60 =$

(36) $555.6 \div 0.8 =$

(37) $80.22 \div 300 =$

(38) $4\ 632 \div 5\ 000 =$

(39) $9\ 492 \div 0.007 =$

(40) $952.2 \div 900 =$

(41) $3.05 \div 0.004 =$

(42) $13.686 \div 20 =$

(43) $470.1 \div 0.03 =$

(44) $318.69 \div 90 =$

(45) $29\ 000 \div 800 =$

(46) $444.36 \div 0.07 =$

(47) $143.04 \div 60 =$

(48) $15.5 \div 0.004 =$

(49) $37.67 \div 50 =$

(50) $917.1 \div 0.3 =$

数码字小写练习

千	百	十	万	千	百	十	元	角	分	千	百	十	万	千	百	十	元	角	分	千	百	十	万	千	百	十	元	角	分	千	百	十	万	千	百	十	元	角	分

三、二位除法练习

二位除法具体练习(一)

(1) 34.968÷6.2＝

(2) 121.91÷73＝

(3) 7.798 2÷0.82＝

(4) 707.82÷9.4＝

(5) 1.892 1÷0.53＝

(6) 6 847÷4.1＝

(7) 61 344÷72＝

(8) 917.91÷9.3＝

(9) 195.81÷610＝

(10) 7 232.4÷84＝

(11) 22.308÷5.2＝

(12) 153.51÷4.3＝

(13) 124.32÷0.74＝

(14) 152.52÷62＝

(15) 457.71÷730＝

(16) 51.354÷0.81＝

(17) 62.652÷92＝

(18) 17.658÷5.4＝

(19) 29.316÷0.42＝

(20) 818.4÷310＝

(21) 532.86÷8.3＝

(22) 595.65÷950＝

(23) 1 222.2÷6.3＝

(24) 491.76÷0.72＝

(25) 3.213 6÷5.2＝

(26) 30 597÷4.7＝

(27) 24 275÷0.68＝

(28) 29 505÷35＝

(29) 150.48÷2.4＝

(30) 30.02÷0.76＝

(31) 48.688÷680＝

(32) 305.76÷4.9＝

(33) 3 203.2÷56＝

(34) 0.917 5÷2.5＝

(35) 17 556÷380＝

(36) 19 698÷0.67＝

(37) 3.636 6÷5.8＝

(38) 272.08÷0.76＝

(39) 22 555÷6.5＝

(40) 209.52÷360＝

(41) 19.278÷2.7＝

(42) 247.71÷0.69＝

(43) 1 713.6÷4.8＝

(44) 74 880÷160＝

(45) 11.628÷1.7＝

(46) 136.92÷0.14＝

(47) 44.82÷180＝

(48) 129.3÷1.5＝

(49) 6.64÷0.16＝

(50) 80 760÷120＝

数码字小写练习

二位除法具体练习(二)

(1) 55. 272÷9. 8＝

(2) 6. 091 6÷0. 97＝

(3) 342. 54÷99＝

(4) 161. 28÷960＝

(5) 40. 47÷9. 5＝

(6) 813. 10÷0. 94＝

(7) 60. 822÷930＝

(8) 328. 44÷9. 2＝

(9) 922. 47÷9. 7＝

(10) 3 204. 6÷980＝

(11) 8. 563 5÷0. 99＝

(12) 809. 28÷9. 6＝

(13) 444. 6÷950＝

(14) 469. 53÷470＝

(15) 579. 42÷5. 8＝

(16) 3. 896 1÷0. 39＝

(17) 479. 04÷4. 8＝

(18) 61. 318÷6. 2＝

(19) 40. 918÷0. 41＝

(20) 919. 77÷930＝

(21) 55. 328÷5. 6＝

(22) 276. 92÷280＝

(23) 157. 92÷0. 16＝

(24) 3 454. 5÷35＝

(25) 17 043÷190＝

(26) 519. 88÷8. 2＝

(27) 43 431÷930＝

(28) 4. 863 5÷0. 71＝

(29) 455. 08÷62＝

(30) 57. 436÷0. 83＝

(31) 589. 38÷9. 4＝

(32) 4 687. 2÷720＝

(33) 48. 093÷0. 51＝

(34) 2. 557 4÷3. 8＝

(35) 368. 97÷490＝

(36) 1 710÷2. 5＝

(37) 0. 316 2÷0. 68＝

(38) 4. 929 6÷7. 9＝

(39) 2 473. 2÷360＝

(40) 357. 93÷9. 7＝

(41) 242. 06÷98＝

(42) 2. 554 2÷0. 99＝

(43) 66 528÷960＝

(44) 118. 26÷1. 8＝

(45) 11. 577÷0. 17＝

(46) 130. 35÷1. 5＝

(47) 239. 76÷24＝

(48) 82. 917÷8. 3＝

(49) 46. 483÷0. 47＝

(50) 7 495. 5÷9. 5＝

数码字小写练习

千	百	十	万	千	百	十	元	角	分	千	百	十	万	千	百	十	元	角	分	千	百	十	万	千	百	十	元	角	分	千	百	十	万	千	百	十	元	角	分

四、多位除法练习

多位除法具体练习(一)

(1) 597.06÷6.2＝

(2) 18 834÷730＝

(3) 123.48÷0.84＝

(4) 929.10÷95＝

(5) 2 312.4÷4.1＝

(6) 16.224÷0.52＝

(7) 180.18÷3.9＝

(8) 3 086.4÷480＝

(9) 4.575 2÷0.56＝

(10) 184.95÷27＝

(11) 113.56÷6.8＝

(12) 34.164÷0.73＝

(13) 44.352÷9.6＝

(14) 41 516÷970＝

(15) 41 184÷0.99＝

(16) 462.56÷98＝

(17) 4 018.5÷9.5＝

(18) 101.64÷14＝

(19) 140.42÷1.7＝

(20) 7.848÷0.18＝

(21) 950.4÷120＝

(22) 336÷42＝

(23) 332.88÷76＝

(24) 465.63÷83＝

(25) 133.98÷29＝

(26) 46 464÷72.6＝

(27) 803.16÷87.3＝

(28) 42 151÷691＝

(29) 2 745.6÷57.2＝

(30) 1 131.3÷4.19＝

(31) 3 799.6÷826＝

(32) 1 354.7÷71.3＝

(33) 255.76÷278＝

(34) 982.8÷54.6＝

(35) 47 804÷629＝

(36) 22 876÷81.7＝

(37) 276.64÷5.32＝

(38) 792÷495＝

(39) 2 036.8÷26.8＝

(40) 3 525.8÷578＝

(41) 119.72÷1.64＝

(42) 837.2÷182＝

(43) 152.64÷95.4＝

(44) 6 572.7÷981＝

(45) 236.88÷42.3＝

(46) 103.74÷546＝

(47) 30.747÷8.31＝

(48) 5 636.4÷924＝

(49) 23.27÷3.58＝

(50) 290.4÷60.5＝

数码字小写练习

千	百	十	万	千	百	十	元	角	分	千	百	十	万	千	百	十	元	角	分	千	百	十	万	千	百	十	元	角	分	千	百	十	万	千	百	十	元	角	分

多位除法具体练习(二)

(1) 1 505.7÷3.15＝

(2) 16.634 1÷0.267＝

(3) 5 259.42÷95.8＝

(4) 24.564 2÷4.67＝

(5) 1.396 86÷0.186＝

(6) 34.351 6÷5.47＝

(7) 2.684 94÷0.613＝

(8) 11 294.4÷7 240＝

(9) 855.12÷16.8＝

(10) 34.651 4÷0.742＝

(11) 2 765.92÷58.6＝

(12) 19.947÷2.78＝

(13) 24.269 4÷4.17＝

(14) 386.595÷60.5＝

(15) 4.479 39÷0.701＝

(16) 4 865.4÷3.060＝

(17) 639.837÷7.59＝

(18) 460.248÷60.4＝

(19) 327.825÷7.05＝

(20) 14.246 7÷0.169＝

(21) 1 051.81÷98.3＝

(22) 3.390 4÷0.416＝

(23) 71.955÷9.75＝

(24) 13.382 4÷1.64＝

(25) 6.948 3÷0.159＝

(26) 343.512÷4.68＝

(27) 3 938.16÷73.2＝

(28) 54.136 5÷9.65＝

(29) 77 497.2÷8 360＝

(30) 29.500 8÷0.672＝

(31) 17 787÷2 450＝

(32) 7 736.7÷62.9＝

(33) 61.475 4÷7.14＝

(34) 1.582 86÷0.085 1＝

(35) 7 075.76÷964＝

(36) 216.215÷41.5＝

(37) 19.281 6÷3.09＝

(38) 195.328÷25.6＝

(39) 434.588÷4.76＝

(40) 32.081 4÷0.351＝

(41) 1 129.24÷14.8＝

(42) 22.027 5÷2.67＝

(43) 82 075÷46 900＝

(44) 0.100 905÷0.021 7＝

(45) 238.212÷5.09＝

(46) 3 151.66÷672＝

(47) 7.299 6÷0.015 8＝

(48) 52 568.4÷6 170＝

(49) 2 974.02÷43.8＝

(50) 9.592 2÷6.57＝

数码字小写练习

多位除法具体练习（三）

(1) 307. 646÷83. 6＝

(2) 703. 56÷7. 15＝

(3) 80 116. 2÷947＝

(4) 3 246. 76÷62. 8＝

(5) 49. 498 2÷5. 14＝

(6) 6. 068÷3. 28＝

(7) 872. 34÷46. 9＝

(8) 27. 763 2÷5. 76＝

(9) 16. 597 3÷2. 69＝

(10) 4 895. 4÷79. 6＝

(11) 307. 092÷4. 89＝

(12) 9 158. 4÷57. 6＝

(13) 4 288. 68÷6. 84＝

(14) 4 714. 08÷9. 76＝

(15) 8 948. 91÷941＝

(16) 819. 822÷98. 3＝

(17) 6. 431 04÷0. 957＝

(18) 10. 424 4÷1. 46＝

(19) 13. 461 6÷0. 158＝

(20) 10. 351 8÷1. 62＝

(21) 159. 666÷17. 8＝

(22) 272. 835÷4. 23＝

(23) 3 823. 92÷678＝

(24) 282. 048÷9. 04＝

(25) 5 602. 3÷605＝

(26) 3 638. 25÷495＝

(27) 11. 873 6÷3. 28＝

(28) 322. 452÷68. 9＝

(29) 60. 548 4÷7. 26＝

(30) 2 745. 6÷384＝

(31) 12. 87÷2. 75＝

(32) 871. 29÷189＝

(33) 3 997. 76÷49. 6＝

(34) 1. 196 34÷0. 157＝

(35) 194. 598÷3. 42＝

(36) 455. 994÷9. 87＝

(37) 499. 352÷96. 4＝

(38) 4 470. 08÷976＝

(39) 3. 693 52÷0. 548＝

(40) 314. 496÷6. 72＝

(41) 67. 877 6÷7. 13＝

(42) 35 047. 4÷802＝

(43) 0. 914 64÷0. 148＝

(44) 348. 096÷67. 2＝

(45) 278. 752÷4. 96＝

(46) 37 887. 9÷867＝

(47) 595. 812÷69. 2＝

(48) 31. 563÷0. 189＝

(49) 3 408. 6÷24. 7＝

(50) 8 072. 4÷4. 65＝

数码字小写练习

千	百	十	万	千	百	十	元	角	分	千	百	十	万	千	百	十	元	角	分	千	百	十	万	千	百	十	元	角	分	千	百	十	万	千	百	十	元	角	分

多位除法具体练习(四)

(精确到 0.01)

(1) 27.600 03÷6.147＝

(2) 55 104.54÷73.18＝

(3) 238.824÷0.513 6＝

(4) 12 192.3÷42.78＝

(5) 34 802.82÷83.46＝

(6) 4 481.946÷701.4＝

(7) 381.439 5÷82.03＝

(8) 42.939 96÷6.014＝

(9) 5.101 173÷0.736 1＝

(10) 137.035 5÷29.47＝

(11) 2 894.354÷385.4＝

(12) 262.272 6÷47.86＝

(13) 47.329 38÷5.931＝

(14) 21.711 5÷6.275＝

(15) 739.220 1÷98.17＝

(16) 5 533.456÷974.2＝

(17) 46.933 02÷9.657＝

(18) 424.988 8÷90.04＝

(19) 1.465 464÷0.158 6＝

(20) 14.892 96÷1.748＝

(21) 229.046 4÷26.51＝

(22) 14 632.85÷400.9＝

(23) 50 242.92÷67.08＝

(24) 18 471.42÷294.6＝

(25) 12 782.44÷30.58＝

(26) 174.273 2÷37.64＝

(27) 13.070 1÷2.057＝

(28) 104.18÷18.46＝

(29) 3 069.7÷390.4＝

(30) 169.48÷57.18＝

(31) 123.86÷28.35＝

(32) 17.248 6÷3.629＝

(33) 1.268 7÷0.145 6＝

(34) 445.90÷72.41＝

(35) 3 873.2÷836.2＝

(36) 301.26÷62.07＝

(37) 66.709÷9.314＝

(38) 453.93÷98.76＝

(39) 664.04÷97.05＝

(40) 87.067 2÷9.614＝

(41) 39.122 7÷14.56＝

(42) 14.883 1÷1.807＝

(43) 76.841 9÷13.69＝

(44) 911.34÷120.4＝

(45) 26.05÷5.618＝

(46) 612.49÷73.56＝

(47) 735.30÷691.4＝

(48) 466.83÷72.58＝

(49) 3 075.5÷456.1＝

(50) 118.34÷72.38＝

数码字小写练习

千	百	十	万	千	百	十	元	角	分	千	百	十	万	千	百	十	元	角	分	千	百	十	万	千	百	十	元	角	分	千	百	十	万	千	百	十	元	角	分

多位除法具体练习(五)

(精确到0.01)

(1) 4 516÷72.8＝

(2) 521.4÷8.39＝

(3) 5 886÷64.5＝

(4) 306.2÷4.18＝

(5) 3 908÷90.5＝

(6) 299.4÷3.46＝

(7) 1 852÷29.8＝

(8) 247.4÷4.76＝

(9) 1 857÷38.2＝

(10) 608.6÷9.74＝

(11) 15 123÷968＝

(12) 594.9÷9.54＝

(13) 8.899÷0.183＝

(14) 1 695÷17.6＝

(15) 100.8÷1.24＝

(16) 455.2÷15.6＝

(17) 44.36÷4.28＝

(18) 1 052÷56.7＝

(19) 53.75÷3.26＝

(20) 607.6÷45.8＝

(21) 314.8÷7.61＝

(22) 3 700÷50.4＝

(23) 258.3÷6.17＝

(24) 4 224÷56.8＝

(25) 1 536÷31.6＝

(26) 521.4÷82.06＝

(27) 474.5÷74.83＝

(28) 28.11÷5.916＝

(29) 218.9÷42.38＝

(30) 8 060÷945.6＝

(31) 11.68÷1.872＝

(32) 149.5÷19.04＝

(33) 70.91÷26.78＝

(34) 2 922÷390.4＝

(35) 263.1÷46.78＝

(36) 21.04÷2.819＝

(37) 257.8÷30.47＝

(38) 610.1÷98.13＝

(39) 182.2÷20.37＝

(40) 73.30÷9.614＝

(41) 129.9÷17.89＝

(42) 881.6÷164.2＝

(43) 219.9÷47.28＝

(44) 24.76÷3.617＝

(45) 464.3÷59.06＝

(46) 337.9÷40.51＝

(47) 3 277÷510.8＝

(48) 25 991÷60.07＝

(49) 3.291 7÷2.009＝

(50) 3 814÷400.8＝

数码字小写练习

千	百	十	万	千	百	十	元	角	分	千	百	十	万	千	百	十	元	角	分	千	百	十	万	千	百	十	元	角	分	千	百	十	万	千	百	十	元	角	分

多位除法具体练习(六)

(精确到 0.01)

(1) 3 780÷67.24=

(2) 17 832÷385.6=

(3) 54.73÷9.718=

(4) 2 586÷40.57=

(5) 18 109÷396.4=

(6) 97.86÷2.157=

(7) 285.3÷14.68=

(8) 1 747÷35.72=

(9) 30.981÷904.1=

(10) 5 934÷81.06=

(11) 4 094÷247.8=

(12) 275.8÷3.614=

(13) 48.15÷7.825=

(14) 1 446÷49.16=

(15) 27.832÷600.8=

(16) 1 368÷18.09=

(17) 121.05÷2.617=

(18) 499.95÷8.149=

(19) 1 418÷30.27=

(20) 89.47÷1.936=

(21) 2 440÷57.18=

(22) 8 573÷460.3=

(23) 220.65÷5.148=

(24) 4 448÷96.13=

(25) 1 722÷37.28=

(26) 12 054÷726.93=

(27) 110.82÷1.450 6=

(28) 1 572÷36.715=

(29) 37 793÷495.62=

(30) 79 282÷1 263.4=

(31) 907.6÷57.892=

(32) 11 931÷194.35=

(33) 421.09÷26.714=

(34) 19 196÷724.85=

(35) 401 114÷9 036.9=

(36) 876.39÷14.057=

(37) 32 827÷623.75=

(38) 4 160÷96.148=

(39) 78.205 6÷2.748 3=

(40) 35 423÷567.04=

(41) 988.5÷63.218=

(42) 223.98÷2.479 1=

(43) 4 123÷58 024=

(44) 74.44÷1.736 9=

(45) 19.334÷267.18=

(46) 83.59÷3.145 7=

(47) 55 151÷672.05=

(48) 70.57÷2.463 9=

(49) 881.95÷19.025=

(50) 28 245÷678.39=

数码字小写练习

千	百	十	万	千	百	十	元	角	分	千	百	十	万	千	百	十	元	角	分	千	百	十	万	千	百	十	元	角	分	千	百	十	万	千	百	十	元	角	分

多位除法具体练习(七)

(精确到 0.01)

(1) 2 478÷670.81＝

(2) 14 255÷1 496.2＝

(3) 32.45÷7.458 1＝

(4) 1 525÷904.17＝

(5) 396.98÷62.589＝

(6) 2.767 2÷1.043 7＝

(7) 143.29÷26.728＝

(8) 22.116 0÷3.001 6＝

(9) 918.14÷98.147＝

(10) 27.248÷6.250 8＝

(11) 91.58÷19.027＝

(12) 3 427÷456.13＝

(13) 38.407÷7.024 1＝

(14) 26.19÷16.028＝

(15) 1 828÷239.14＝

(16) 34.98÷5.702 8＝

(17) 3 298÷431.05＝

(18) 15.136 4÷2.691 4＝

(19) 390.61÷73.058＝

(20) 21.373 0÷4.617 9＝

(21) 4 173÷902.54＝

(22) 26.131 0÷6.314 9＝

(23) 4 375÷507.32＝

(24) 59.56÷8.314 6＝

(25) 10.540 4÷2.905 3＝

(26) 1 333÷164.35＝

(27) 435.60÷72.804＝

(28) 16.92÷3.920 8＝

(29) 178.84÷67.514＝

(30) 11.36÷2.600 7＝

(31) 259.77÷49.518＝

(32) 2 560.7÷300.45＝

(33) 155.02÷24.816＝

(34) 5 301÷536.78＝

(35) 11.90÷1.824 9＝

(36) 509.6÷90.314＝

(37) 2 050.1÷275.86＝

(38) 19.86÷3.142 9＝

(39) 513.6÷67.105＝

(40) 40.29÷5.821 7＝

(41) 450.40÷60.428＝

(42) 288.04÷39.184＝

(43) 16.93÷2.705 9＝

(44) 179.74÷41.263＝

(45) 3 179÷735.06＝

(46) 61.99÷19.047＝

(47) 20.11÷2.638 1＝

(48) 3 857.4÷405.02＝

(49) 93.53÷69.148＝

(50) 38.15÷8.235 6＝

数码字小写练习

千	百	十	万	千	百	十	元	角	分	千	百	十	万	千	百	十	元	角	分	千	百	十	万	千	百	十	元	角	分	千	百	十	万	千	百	十	元	角	分

多位除法具体练习(八)

(精确到 0.01)

表一

商数 被除数	48.26	50.39	17.46	3.286	90.51
4 108.6					
2 091.4					
958.31					
419.25					
1 004.62					
2 786.17					
672.35					
1 800.17					
467.08					
1 526.9					

表二

商数 被除数	145.6	70.38	92.14	256.7	390.1
6 745.8					
1 028.9					
4 172.6					
967.3					
2 586.4					
6 914.5					
5 006.1					
1 709.4					
981.5					
6 309.1					

数码字小写练习

千	百	十	万	千	百	十	元	角	分	千	百	十	万	千	百	十	元	角	分	千	百	十	万	千	百	十	元	角	分	千	百	十	万	千	百	十	元	角	分

多位除法具体练习(九)

(精确到 0.01)

表一

商 除数 被除数	59.37	61.04	28.57	9.734	16.08
4 728.1					
1 087.2					
5 601.4					
989.5					
4 217.3					
2 738.5					
1 679.2					
3 045.1					
996.2					
4 905.3					

表二

商 除数 被除数	257.6	81.49	203.5	86.73	104.2
1 294.5					
986.2					
2 708.1					
4 617.3					
896.4					
3 587.2					
997.1					
6 208.4					
7 914.3					
8 021.4					

数码字小写练习

千	百	十	万	千	百	十	元	角	分	千	百	十	万	千	百	十	元	角	分	千	百	十	万	千	百	十	元	角	分	千	百	十	万	千	百	十	元	角	分

多位除法具体练习(十)

(精确到 0.01)

表一

商数\除数 被除数	83.148	70.526	108.92	276.05	418.93	309.26	81.456	209.73	405.68
4 067									
2 958									
1 729									
3 068									
5 127									
2 645									
1 728									
4 902									
5 216									
3 948									
4 621									
6 008									
7 115									
1 225									

数码字小写练习

千	百	十	万	千	百	十	元	角	分	千	百	十	万	千	百	十	元	角	分	千	百	十	万	千	百	十	元	角	分	千	百	十	万	千	百	十	元	角	分

五、变通除法练习

变通除法具体练习(一)

(运用剥皮除法,精确到 0.01)

(1) 324.1÷26.31＝

(2) 2 280÷70.58＝

(3) 3 192÷149.7＝

(4) 35.83÷2.708＝

(5) 6 118÷463.1＝

(6) 181.3÷5.806＝

(7) 732.9÷23.47＝

(8) 595.9÷19.08＝

(9) 12 752÷279.4＝

(10) 9.574÷0.148 3＝

(11) 382.28÷8.214＝

(12) 5 839.5÷90.45＝

(13) 440.45÷6.728＝

(14) 3 789÷83.01＝

(15) 45.08÷0.698 2＝

(16) 172.96÷3.716＝

(17) 3 293÷50.24＝

(18) 41 125÷416.3＝

(19) 2 199÷27.85＝

(20) 447.9÷5.091＝

(21) 1 606÷18.26＝

(22) 95 865÷970.4＝

(23) 6 084÷62.15＝

(24) 69 225÷700.8＝

(25) 5 395÷60.09＝

(26) 6 493÷207.9＝

(27) 75.71÷6.145＝

(28) 153.9÷4.927＝

(29) 25 094÷803.5＝

(30) 1 218÷26.17＝

(31) 11.899÷0.184 3＝

(32) 960.5÷9.812＝

(33) 7 172÷73.26＝

(34) 463.6÷5.804＝

(35) 24 029÷672.1＝

(36) 2 146.6÷5.809＝

(37) 21 966÷47.21＝

(38) 16 509÷20.68＝

(39) 67 655÷192.4＝

(40) 5 914÷8.605＝

(41) 26 560÷72.83＝

(42) 63 607÷941.8＝

(43) 9 535÷20.67＝

(44) 73 565÷745.1＝

(45) 665.9÷10.48＝

(46) 2 059÷2.619＝

(47) 30 381÷47.08＝

(48) 82 757÷623.9＝

(49) 11 726÷14.85＝

(50) 61 441÷967.2＝

数码字小写练习

千	百	十	万	千	百	十	元	角	分	千	百	十	万	千	百	十	元	角	分	千	百	十	万	千	百	十	元	角	分	千	百	十	万	千	百	十	元	角	分

变通除法具体练习(二)

(运用省除法,精确到 0.01)

(1) 26 718.96÷5 904＝

(2) 140.694 1÷28.361＝

(3) 94.580 2÷37.014＝

(4) 1 694.141÷728.06＝

(5) 2.914 86÷0.519 27＝

(6) 67.809 1÷24.058＝

(7) 726.148÷536.104＝

(8) 9.287 614÷8.016 3＝

(9) 7 645.06÷928.17＝

(10) 600.728 1÷519.23＝

(11) 678.146÷492.14＝

(12) 90.031 68÷41.926 3＝

(13) 178.632÷70.145 8＝

(14) 902 456÷514 927＝

(15) 628 904÷98 042＝

(16) 719.306 1÷406.196＝

(17) 39.148 3÷27.518＝

(18) 400.918 2÷316.948＝

(19) 672.802 4÷500.176＝

(20) 62.041 8÷23.457 2＝

(21) 7.914 906÷4.581 49＝

(22) 63.148 21÷5.014 86＝

(23) 214.006 1÷37.091 4＝

(24) 16.072 81÷8.024 51＝

(25) 9.148 32÷7.450 14＝

(26) 319 246.1÷82 678＝

(27) 728.064 2÷6.149 2＝

(28) 56.724 56÷0.891 4＝

(29) 726.384 1÷9.214 63＝

(30) 10.581 613÷0.591 47＝

(31) 2.876 941÷0.047 21＝

(32) 696.836 7÷7.816 72＝

(33) 78.104 674÷5.072 81＝

(34) 406.728 3÷6.194 73＝

(35) 768.145 2÷34.105＝

(36) 9.671 483÷0.267 14＝

(37) 78 643.2÷5 967.2＝

(38) 49 621.58÷705.81＝

(39) 4.167 23÷0.059 642＝

(40) 83.414 6÷2.784 96＝

(41) 300.748÷4.614 84＝

(42) 79.203 1÷5.140 96＝

(43) 207 461÷73 819.4＝

(44) 47.082 4÷6.072 61＝

(45) 936.142 8÷72.004 7＝

(46) 1 234.578÷41.389 2＝

(47) 276.316 9÷7.204 69＝

(48) 1 400.578 1÷21.346 2＝

(49) 91.460 07÷0.972 14＝

(50) 6 185 186÷73 627.1＝

数码字小写练习

千	百	十	万	千	百	十	元	角	分	千	百	十	万	千	百	十	元	角	分	千	百	十	万	千	百	十	元	角	分	千	百	十	万	千	百	十	元	角	分

变通除法具体练习(三)

(运用补数除法,精确到0.01)

(1) 64.746÷99＝

(2) 9 771.3÷9.9＝

(3) 11 931÷97＝

(4) 4 468.8÷9.8＝

(5) 7 495.5÷9.5＝

(6) 30 816÷96＝

(7) 634.38÷0.97＝

(8) 34 986÷980＝

(9) 55.836÷0.99＝

(10) 615.95÷9.7＝

(11) 8 388.8÷98＝

(12) 93.765÷0.95＝

(13) 324.675÷9.99＝

(14) 12 275.4÷99.8＝

(15) 3 609.14÷997＝

(16) 122.508÷9.96＝

(17) 676.78÷0.998＝

(18) 131.868÷99.9＝

(19) 861.408÷9.97＝

(20) 9 591.8÷99.5＝

(21) 7.487 22÷0.993＝

(22) 631.190÷9.940＝

(23) 7 320.6÷9.96＝

(24) 8.491 52÷0.992＝

(25) 6 292.85÷9.910＝

(26) 6 257.58÷987＝

(27) 8 429.19÷9.79＝

(28) 40.946 4÷0.968＝

(29) 459.42÷98.8＝

(30) 163.326÷9.78＝

(31) 6 499.35÷99.99＝

(32) 45.986 2÷9.997＝

(33) 719.856÷99.98＝

(34) 7 497÷999.6＝

(35) 64.967 5÷0.999 5＝

(36) 47.966 4÷9.993＝

(37) 75 232.23÷99.91＝

(38) 764.388÷9.992＝

(39) 12.492 5÷0.999 4＝

(40) 633.683÷99.95＝

(41) 9.635 525÷0.998 5＝

(42) 657.144 6÷99.87＝

(43) 658.03÷9.989＝

(44) 63.45÷0.997 8＝

(45) 65.132÷996.7＝

(46) 937.13÷9.899＝

(47) 124.24÷9.798＝

(48) 60.558÷0.969 7＝

(49) 759.21÷9.983＝

(50) 17 983.7÷989.2＝

数码字小写练习

千	百	十	万	千	百	十	元	角	分	千	百	十	万	千	百	十	元	角	分	千	百	十	万	千	百	十	元	角	分	千	百	十	万	千	百	十	元	角	分

变通除法具体练习(四)

(运用定身法、一除求众商法、连续取高商法)

(1) 4 485÷13＝

(2) 5 535÷15＝

(3) 8 076÷12＝

(4) 8 406÷18＝

(5) 8 652÷14＝

(6) 49 248÷108＝

(7) 70 770÷105＝

(8) 90 312÷106＝

(9) 18 312÷109＝

(10) 43 452÷102＝

(11) 76 304÷1 004＝

(12) 92 460÷1 005＝

(13) 678 048÷1 009＝

(14) 660 318÷1 002＝

(15) 270 144÷1 008＝

(16) 766 292÷1 003＝

(17) 1 271 566÷4 267＝

(18) 1 977 038÷3 962＝

(19) 980 690÷1 405＝

(20) 2 905 098÷3 682＝

(21) 2 827 942÷4 729＝

(22) 5 462 534÷6 083＝

(23) 2 124 675÷4 275＝

(24) 2 412 036÷6 091＝

(25) 5 145 426÷1 287＝

(26) 18 042 895÷9 035＝

(27) 14 159 096÷4 726＝

(28) 26 631 195÷3 805＝

(29) 29 133 104÷9 724＝

(30) 15 694 910÷2 618＝

(31) 9 791 425÷1 225＝

(32) 13 610 376÷6 812＝

(33) 368 631÷369＝

(34) 457 084÷458＝

(35) 609 552÷612＝

(36) 525 888÷528＝

(37) 452 094÷906＝

(38) 330 627÷473＝

(39) 616 146÷618＝

(40) 2 183 328÷2 736＝

(41) 4 189 582÷4 059＝

(42) 3 360 636÷1 682＝

(43) 32 231 876÷4 031＝

(44) 28 823 238÷9 627＝

(45) 26 270 492÷3 754＝

(46) 17 993 988÷9 006＝

(47) 10 722 816÷2 148＝

(48) 52 137 482÷6 518＝

注:定身除法:(1)—(16),一除求众商法:(17)—(32),连续取高商法:(33)—(48)

数码字小写练习

千	百	十	万	千	百	十	元	角	分	千	百	十	万	千	百	十	元	角	分	千	百	十	万	千	百	十	元	角	分	千	百	十	万	千	百	十	元	角	分

变通除法具体练习（五）

（综合）

(1) 7 812÷279＝

(2) 9 475÷379＝

(3) 27 878÷526＝

(4) 57 436÷692＝

(5) 58 788÷852＝

(6) 50 496÷526＝

(7) 29 845÷635＝

(8) 59 348÷802＝

(9) 4 004÷308＝

(10) 8 234÷358＝

(11) 826 232÷916＝

(12) 369 615÷615＝

(13) 51 429÷79＝

(14) 41 961÷71＝

(15) 34 727÷41＝

(16) 20 554÷43＝

(17) 19 536÷37＝

(18) 23 940÷84＝

(19) 2 448÷18＝

(20) 35 017÷97＝

(21) 87 072÷96＝

(22) 51 048÷72＝

(23) 13 804÷28＝

(24) 33 490÷85＝

(25) 153 028÷571＝

(26) 251 104÷304＝

(27) 206 336÷403＝

(28) 142 272÷936＝

(29) 61 944÷174＝

(30) 57 670÷158＝

(31) 682 452÷852＝

(32) 105 084÷973＝

(33) 227.39÷30.6＝

(34) 192.58÷40.7＝

(35) 91.072 8÷9.47＝

(36) 18.169 2÷9.28＝

(37) 24.034 6÷15.2＝

(38) 311.54÷53.6＝

(39) 49.138 2÷6.98＝

(40) 17.661 8÷2.51＝

(41) 790.314 7÷1 496.03＝

(42) 8.779 633÷0.691 4＝

(43) 1 690.871 2÷2 705.83＝

(44) 9.403 694÷0.461 9＝

(45) 30 508.22÷72 305.8＝

(46) 5 783.912 4÷83.57＝

(47) 72.694 71÷92.061 4＝

(48) 2 254.98÷6 407.82＝

数码字小写练习

千	百	十	万	千	百	十	元	角	分	千	百	十	万	千	百	十	元	角	分	千	百	十	万	千	百	十	元	角	分	千	百	十	万	千	百	十	元	角	分

第五单元 珠算等级鉴定练习

一、普通六～四级练习题

加减算(一)

（正面） **（限时10分钟）**

（一）	（二）	（三）	（四）	（五）
1 068	3 426	60 957	540	27 604
583	175	483	4 793	－715
349 701	581 932	1 792	－682	9 348
6 457	4 897	478	29 057	162 734
829	601	736 059	134	102
82 931	10 563	2 510	－2 865	－3 920
5 064	2 487	394	504 196	586
107	329	1 026	－1 360	－50 793
497 623	198 645	831	873	428
395	750	27 049	－2 915	1 657
6 548	4 879	183	748	201
280	206	5 692	－18 067	346 978
70 819	29 031	458	392	－5 143
145	387	478 136	695 238	869
2 736	6 504	6 205	4 701	－2 051

数码字小写练习

千	百	十	万	千	百	十	元	角	分	千	百	十	万	千	百	十	元	角	分	千	百	十	万	千	百	十	元	角	分	千	百	十	万	千	百	十	元	角	分

一、普通六～四级练习题

加减算(一)

(反面)

（六）	（七）	（八）	（九）	（十）
423	20 394	4 923	861	2 304
816 754	871	107	7 025	87 569
9 081	5 036	6 875	394	−175
64 230	108	462	32 981	306 241
729	974 320	8 210	476	692
3 856	6 259	905	−3 598	−4 370
908	2 564	513 849	187 652	651
591	175	736	−6 045	−1 798
978 632	783	6 081	401	598 143
415	60 233	509	3 728	806
6 203	157	25 497	−907	3 027
174	9 463	254	−60 315	489
2 751	891	1 830	432	−50 312
90 537	801 574	132 976	528 940	−6 798
8 306	6 942	67 384	−1 796	425

数码字小写练习

千	百	十	万	千	百	十	元	角	分	千	百	十	万	千	百	十	元	角	分	千	百	十	万	千	百	十	元	角	分	千	百	十	万	千	百	十	元	角	分

一、普通六～四级练习题

加减算(二)

（正面） （限时 10 分钟）

（一）	（二）	（三）	（四）	（五）
2 179	4 537	534	38 715	71 608
694	286	927 865	826	−594
450 812	692 043	1 029	−4 059	2 830
7 568	5 908	75 413	273 845	598
903	271	308	213	847 061
93 042	21 764	4 956	−4 031	−3 216
6 157	3 859	190	697	459
218	430	204	−68 104	2 731
508 734	209 576	809 437	935	924
406	618	762	2 768	−38 105
7 659	5 891	7 316	−312	290
391	713	285	457 089	−6 743
81 920	30 142	6 823	6 254	956
256	984	10 654	970	580 274
3 487	7 605	9 178	−3 162	−1 637

数码字小写练习

千	百	十	万	千	百	十	元	角	分	千	百	十	万	千	百	十	元	角	分	千	百	十	万	千	百	十	元	角	分	千	百	十	万	千	百	十	元	角	分

一、普通六～四级练习题

加减算(二)

(反面)

（六）	（七）	（八）	（九）	（十）
621	31 405	5 034	3 415	972
5 804	982	218	98 670	8 136
379	6 147	7 986	－286	－450
30 186	219	537	417 352	43 092
245	805 431	9 123	703	587
3 769	7 063	601	－5 841	－4 690
615 270	3 675	624 950	267	298 376
2 417	286	874	2 908	－7 159
948	894	7 192	609 524	512
3 506	71 349	641	179	4 836
895	862	36 508	－4 318	108
29 178	5 074	365	905	－71 624
430	920	2 091	－61 432	543
706 349	912 658	243 780	－7 890	639 051
5 182	7 305	78 459	563	－2 807

数码字小写练习

千	百	十	万	千	百	十	元	角	分	千	百	十	万	千	百	十	元	角	分	千	百	十	万	千	百	十	元	角	分	千	百	十	万	千	百	十	元	角	分

一、普通六～四级练习题

加减算(三)

(正面)　　　　　　　　　(限时 10 分钟)

(一)	(二)	(三)	(四)	(五)
9 068	7 486	60 153	590	83 604
527	953	472	4 317	−395
741 903	592 178	9 318	682	1 742
6 354	4 321	423	81 035	968 374
281	690	376 105	−974	201
28 179	69 057	8 950	8 562	−7 180
5 064	8 432	741	450 196	625
903	178	9 086	−9 670	−50 317
314 687	921 564	279	723	428
715	305	83 014	−5 418	9 653
6 452	4 230	972	342	809
820	608	5 681	−92 036	746 132
30 291	81 097	425	187	−5 947
459	723	432 967	651 872	−8 095
8 736	6 145	6 850	−4 039	261

数码字小写练习

千	百	十	万	千	百	十	元	角	分	千	百	十	万	千	百	十	元	角	分	千	百	十	万	千	百	十	元	角	分	千	百	十	万	千	百	十	元	角	分

一、普通六～四级练习题

加减算(三)

(反面)

（六）	（七）	（八）	（九）	（十）
487	80 714	4 187	269	8 704
296 354	239	903	3 085	23 651
1 029	5 076	6 235	−714	−936
64 708	902	486	78 129	706 849
831	134 780	2 098	436	618
7 265	6 158	105	−7 512	−4 073
102	8 564	598 241	123 658	596
951	935	367	−6 045	9 135
132 786	327	6 029	4 049	512 947
495	60 782	75 413	7 382	520
6 807	359	854	−60 795	−7 083
934	1 476	897 361	874	214
8 395	291	9 270	582 140	−50 708
10 547	209 543	506	−9 316	−6 321
2 063	6 814	13 724	903	485

数码字小写练习

千	百	十	万	千	百	十	元	角	分	千	百	十	万	千	百	十	元	角	分	千	百	十	万	千	百	十	元	角	分	千	百	十	万	千	百	十	元	角	分

一、普通六～四级练习题

加减算(四)

（正面）　　　　　　　　　　（限时 10 分钟）

（一）	（二）	（三）	（四）	（五）
82 375	956 840	9 328	92 054	4 039
694	712	504 761	361	615 372
5 130	3 064	670	−8 720	781
465	176	81 295	132	92 603
598 327	84 650	132	265 049	−824
7 012	2 719	7 304	603	−8 415
936	391	619	−9 875	270
2 801	58 243	2 856	186	9 136
194	120	743 580	72 903	−540 967
50 263	9 634	5 471	168	6 582
7 308	758	638	−4 570	749
914	6 095	70 249	314	81 305
647	827	167	321 856	278
654 189	734 201	3 025	−7 495	−4 316
2 708	3 958	489	−9 784	−590

数码字小写练习

千	百	十	万	千	百	十	元	角	分	千	百	十	万	千	百	十	元	角	分	千	百	十	万	千	百	十	元	角	分	千	百	十	万	千	百	十	元	角	分

一、普通六～四级练习题

加减算（四）

（反面）

（六）	（七）	（八）	（九）	（十）
30 156	9 172	963	3 489	81 032
472	405	4 812	−510	−716
9 318	8 523	750	78 652	4 985
234	810	93 187	947	647
963 501	601 397	625	1 209	−3 529
8 950	6 289	7 034	613	831
147	947	874 392	906 432	702 164
9 086	74 603	5 461	758	902
729	126	905	−2 071	9 016
83 410	8 395	3 827	−68 543	−54 830
297	912 470	210	496	−2 469
5 681	6 548	41 609	−2 180	−8 253
352	305	865	890 547	837 594
432 967	25 167	506 384	361	710
8 056	834	2 916	−3 275	675

数码字小写练习

千	百	十	万	千	百	十	元	角	分	千	百	十	万	千	百	十	元	角	分	千	百	十	万	千	百	十	元	角	分	千	百	十	万	千	百	十	元	角	分

一、普通六～四级练习题

加减算（五）

（正面）　　　　　　　　　　（限时 10 分钟）

（一）	（二）	（三）	（四）	（五）
8 176	954 638	369	91 853	598
453 069	701	2 185	240	3 204
537	8 423	407	−6 187	−176
7 682	2 695	78 913	145 938	60 825
903	470	246	201	739
85 124	63 854	7 530	−7 369	−6 451
930	1 079	932 684	482	853 947
1 086	290	6 145	−9 675	9 204
329	56 102	409	71 298	−871
8 701	318	7 238	406	6 305
596 217	9 423	102	−3 785	613
435	756	60 915	302	91 284
5 028	4 895	784	210 654	760
394	617	583 470	460	−405 271
81 572	723 081	9 261	−7 953	−8 329

数码字小写练习

千	百	十	万	千	百	十	元	角	分	千	百	十	万	千	百	十	元	角	分	千	百	十	万	千	百	十	元	角	分	千	百	十	万	千	百	十	元	角	分

一、普通六～四级练习题

加减算(五)

(反面)

(六)	(七)	(八)	(九)	(十)
82 045	632	942	2 396	627 539
−371	51 047	3 601	805	−708
9 206	925	758	76 451	6 152
132	4 563	92 076	937	−3 941
274 850	907 182	415	8 019	875
−6 498	6 359	7 382	402	35 624
703	401	634 190	894 123	9 408
8 964	73 248	5 234	756	981
−179	937	958	1 870	−178 043
62 830	9 614	6 721	46 532	260
791	480 792	810	349	−2 519
−5 046	860	30 498	8 106	437
315	6 125	567	682 957	3 956
−321 974	386	857 246	240	−704
6 458	9 071	1 094	3 715	60 821

数码字小写练习

千	百	十	万	千	百	十	元	角	分	千	百	十	万	千	百	十	元	角	分	千	百	十	万	千	百	十	元	角	分	千	百	十	万	千	百	十	元	角	分

二、普通三～一级练习题

加减算(一)

(正面)　　　　　　　　　　　　　　　　　**(限时 10 分钟)**

(一)	(二)	(三)	(四)	(五)
81 705 329	9 362	12 705 936	238 417. 65	95 102. 46
2 074 531	58 637 140	240 689	64 139. 08	217 840. 93
928 146	2 718 936	1 629 574	1 395. 86	−275. 61
6 350	157 408	−2 891	18. 20	6 591. 27
19 782	71 642	18 374	561. 98	−28. 49
90 725 648	10 365	96 537 108	120 936. 74	309 467. 51
7 568 490	15 843 096	5 483 620	98 053. 41	−13 249. 05
74 062	6 429 871	−356 402	624. 37	380. 94
296 805	392 085	2 097	8 976. 50	−1 468. 37
1 073	8 590	−19 045	92. 76	73. 46
2 430 187	51 427	−3 107 584	53 160. 87	85 732. 50
752 938	6 309	764 153	507 382. 41	806. 51
17 364	675 218	32 498	201. 59	7 013. 25
1 459	20 934 751	−87 425 960	2 714. 30	94. 80
60 395 241	9 203 847	6 073	79. 25	−260 935. 47

数码字小写练习

千	百	十	万	千	百	十	元	角	分	千	百	十	万	千	百	十	元	角	分	千	百	十	万	千	百	十	元	角	分	千	百	十	万	千	百	十	元	角	分

二、普通三～一级练习题

加减算(一)

(反面)

(六)	(七)	(八)	(九)	(十)
172.04	4 896.03	5 879 361	74.39	63 092 875
2 538.67	247.31	−548 607	982 307.64	−16 029
78 623.40	69.82	62 193	1 756.48	2 851 703
105 289.73	845 916.07	−3 974	408.71	203 568
64.18	16 032.75	73 046 592	98 732.46	−9 107
53 096.81	20.97	9 218	63.19	81 346
6 914.07	9 435.81	65 284 971	685 021.97	735 409
507.92	582.16	−7 108 425	20 874.53	−9 240 715
917 843.65	82 309.71	371 069	189.25	93 807 451
50.28	210 457.39	−95 301	4 037.82	8 964
32 541.70	361.25	6 930	916 853.04	43 812
9 136.45	4 890.53	−49 852 607	295.71	5 768 924
203.64	78.64	2 104 783	2 613.05	−120 376
17.89	569 780.42	523 846	90.56	−63 879 054
628 105.93	30 541.68	35 210	23 465.10	4 107

数码字小写练习

千	百	十	万	千	百	十	元	角	分	千	百	十	万	千	百	十	元	角	分	千	百	十	万	千	百	十	元	角	分	千	百	十	万	千	百	十	元	角	分

二、普通三～一级练习题

加减算(二)

（正面） **（限时 10 分钟）**

（一）	（二）	（三）	（四）	（五）
36 594 028	8 320 917	253 806. 17	529 436. 80	5 370
2 351 406	32 801 764	−81. 92	47. 98	97 436 852
803 617	576 248	7 430. 26	320. 51	−20 189
7 049	3 509	−349. 65	8 105. 46	751 460
68 532	64 127	96 702. 53	20 614. 73	1 037 694
98 524 713	9 683	35. 70	63. 29	−8 716
5 473 189	208 396	−4 159. 07	947 810. 56	3 287
51 972	5 821 974	910. 83	376. 82	−605 132
287 394	46 910 385	40 281. 36	5 841. 37	6 190 523
6 950	43 056	308 157. 64	60 185. 94	85 607 439
2 609 135	71 542	29. 18	14. 95	49 071
742 903	467 139	5 684. 27	436 298. 70	2 948
65 371	2 719 805	276. 54	79 530. 12	−4 528 761
4 168	69 507 413	−247 913. 80	2 609. 57	213 598
97 086 214	8 052	−86 432. 15	472. 31	−42 736 805

数码字小写练习

千	百	十	万	千	百	十	元	角	分	千	百	十	万	千	百	十	元	角	分	千	百	十	万	千	百	十	元	角	分	千	百	十	万	千	百	十	元	角	分

二、普通三～一级练习题

加减算(二)

(反面)

(六)	(七)	(八)	(九)	(十)
78.26	53 109 247	48.30	37 961	8 205.13
2 741.03	68 190	209 314.58	793 285	498.36
324.68	9 276 413	6 475.82	9 618 423	−50.29
637 082.14	913 752	812.46	82 079 514	287 065.14
60 153.97	−1 064	20 429.85	5 132	65 139.47
82.75	26 395	53.60	30 761	91.04
9 875.63	−437 810	472 196.05	346 150	6 307.28
521.07	9 081 467	91 248.63	4 621 897	−729.65
38 960.14	30 214 876	620.97	75 982 046	29 310.46
423 805.71	2 058	8 134.29	9 602	961 874.30
651.89	−83 269	907.45	43 158 790	356.97
49.23	−7 452 098	9 563.17	3 048	−8 201.73
4 026.95	691 345	10.75	96 530	42.58
51 408.39	6 709	93 857.61	782 514	−750 428.19
629 147.50	−25 304 786	605 372.18	7 240 856	−31 786.52

数码字小写练习

千	百	十	万	千	百	十	元	角	分	千	百	十	万	千	百	十	元	角	分	千	百	十	万	千	百	十	元	角	分	千	百	十	万	千	百	十	元	角	分

二、普通三～一级练习题

加减算(三)

(正面) **(限时 10 分钟)**

(一)	(二)	(三)	(四)	(五)
96 174 302	7 291 805	6 951	57.34	36 912.05
2 047	93 710 524	85 432 769	3 520.19	−70.89
45 160	652 347	13 078	934.27	5 491.32
623 718	9 618	560 421	295 193.04	−948.26
3 419 086	24 035	1 095 284	21 069.85	82 513.69
4 951	8 297	47 802	−73.56	96.51
376 892	173 982	9 375	8 756.49	−4 068.15
50 963	6 037 854	126 096	−630.15	189.70
5 268 079	42 801 976	2 081 639	97 841.02	41 307.82
47 593	49 162	76 215 498	439 716.50	−197 065.24
6 129	50 643	48 150	260.78	38.07
97 532 608	425 098	3 847	28.39	6 274.35
718 460	3 508 716	4 637 520	−4 172.86	352.64
3 850 214	28 615 409	309 687	−60 417.98	345 809.71
84 592 137	7 163	43 592 716	−238 045.61	−72 483.06

数码字小写练习

千	百	十	万	千	百	十	元	角	分	千	百	十	万	千	百	十	元	角	分	千	百	十	万	千	百	十	元	角	分	千	百	十	万	千	百	十	元	角	分

二、普通三～一级练习题

加减算(三)

(反面)

(六)	(七)	(八)	(九)	(十)
628 493.71	41 087 326	39.18	6 329 845	9 384.01
45.87	−59 078	837 102.49	−693 402	279.15
931.60	7 365 201	5 264.93	47 518	48.37
7 016.42	701 643	903.25	1 839	396 854.02
13 204.59	−8 502	83 217.94	21 049 687	54 017.26
29.38	35 194	41.58	8 753	70.82
745 860.12	216 908	236 075.84	64 793 825	8 516.39
925.73	−8 790 256	70 329.51	−2 530 976	637.54
6 740.95	81 302 965	538.76	125 048	37 108.25
21 076.84	3 849	9 012.38	−86 105	750 962.18
60.48	91 357	786.24	4 013	145.76
492 387.51	6 243 879	7 451.06	93 867 402	9 380.61
58 631.09	−570 124	80.64	−7 509 231	23.49
3 218.65	8 467	71 946.50	−671 394	648 230.97
453.80	−14 382 695	854 163.09	16 750	10 695.43

数码字小写练习

千	百	十	万	千	百	十	元	角	分	千	百	十	万	千	百	十	元	角	分	千	百	十	万	千	百	十	元	角	分	千	百	十	万	千	百	十	元	角	分

二、普通三～一级练习题

加减算(四)

（正面）　　　　　　　　　（限时 10 分钟）

（一）	（二）	（三）	（四）	（五）
1 692	3 726 405	712 369.05	53.78	31 965 824
36 801	27 360 598	30.42	7 590.62	84 650
7 450 968	159 783	5 826.79	278.93	−7 483
48 539 672	2 164	294.81	925 687.04	8 173 590
83 547	98 075	49 567.12	−96 012.45	702 143
23 975 104	4 923	21.56	−35.71	87 529 361
5 194 023	637 249	8 014.65	4 351.82	9 046 172
50 217	1 073 458	642.30	−170.65	−691 027
731 429	89 406 231	86 703.49	23 486.09	2 735
8 156	82 904	623 015.98	872 361.50	−83 409
7 862 045	6 025 849	74.03	910.34	−6 025 948
497 362	510 698	1 938.75	94.72	510 896
85 610	67 034	759.18	−8 639.41	67 034
9 083	45 879 312	785 403.26	10 863.24	−45 879 312
21 638 709	1 256	39 847.01	−974 085.16	1 256

数码字小写练习

千	百	十	万	千	百	十	元	角	分	千	百	十	万	千	百	十	元	角	分	千	百	十	万	千	百	十	元	角	分	千	百	十	万	千	百	十	元	角	分

二、普通三～一级练习题

加减算（四）

（反面）

（六）	（七）	（八）	（九）	（十）
174 829. 36	9 316. 08	5 321 964	29. 81	68 017 325
86. 43	792. 84	593 602	137 802. 69	−46 071
276. 10	61. 37	−67 481	4 256. 93	7 354 208
3 061. 89	395 146. 02	8 129	903. 24	−708 563
67 908. 52	46 087. 25	28 069 517	13 287. 96	1 657
82. 74	70. 12	1 743	68. 41	9 402
385 406. 19	1 485. 39	65 793 124	235 074. 16	−34 896
295. 37	537. 46	−2 430 975	70 329. 58	285 901
1 380. 25	37 801. 24	−824 061	431. 75	−1 790 245
96 031. 48	740 952. 81	15 804	9 082. 37	18 302 954
10. 48	648. 75	6 083	146 853. 09	3 169
829 743. 56	9 310. 58	93 157 602	715. 24	98 347
54 176. 02	23. 69	−7 409 238	7 648. 05	−5 263 179
7 964. 15	561 230. 97	578 396	10. 56	470 826
857. 20	80 574. 36	−85 740	78 965. 40	68 321 594

数码字小写练习

千	百	十	万	千	百	十	元	角	分	千	百	十	万	千	百	十	元	角	分	千	百	十	万	千	百	十	元	角	分	千	百	十	万	千	百	十	元	角	分

二、普通三～一级练习题

加减算（五）

（正面）　　　　　　　　　　（限时 10 分钟）

（一）	（二）	（三）	（四）	（五）
13 705 248	8 764	34 205 876	471 932.65	85 304.96
4 079 523	51 672 390	490 618	69 378.01	432 190.87
841 396	4 791 826	−3 648 529	3 785.16	−425.63
6 750	352 901	4 183	31.40	6 583.42
38 214	29 634	−31 729	569.81	41.98
80 245 691	30 765	86 572 301	340 876.29	708 962.53
2 561 980	35 197 086	−5 917 640	81 057.93	−37 498.05
79 064	6 948 123	756 904	649.32	−710.89
486 105	784 015	4 082	1 826.50	3 961.72
3 027	1 580	−38 015	84.26	27.96
4 370 912	53 942	7 902 513	57 960.12	−15 274.60
254 871	6 701	−269 357	502 714.93	106.53
37 269	625 438	74 981	403.58	−2 037.45
3 958	40 879 253	12 345 860	4 239.70	89.10
60 785 493	8 407 912	6 027	28.45	460 875.92

数码字小写练习

千	百	十	万	千	百	十	元	角	分	千	百	十	万	千	百	十	元	角	分	千	百	十	万	千	百	十	元	角	分	千	百	十	万	千	百	十	元	角	分

二、普通三～一级练习题

加减算（五）

（反面）

（六）	（七）	（八）	（九）	（十）
324.01	2 795.01	6 749 253	42.19	51 098 746
4 571.62	482.13	627 504	897 104.52	−32 089
21 647.90	59.78	−58 319	3 465.27	8 763 401
305 418.27	726 935.04	1 942	207.43	801 657
69.31	35 018.46	81 052 694	79 418.25	9 568
57 086.13	80.94	9 837	51.39	−2 304
6 839.02	9 316.72	56 827 943	467 083.95	73 125
502.84	678.35	−4 370 286	80 742.61	−416 209
832 197.65	78 109.43	143 059	379.86	9 820 436
50.41	830 264.19	−96 103	2 014.78	91 704 263
74 593.20	153.86	5 017	896.43	7 152
8 976.35	2 790.61	27 968 504	8 531.06	21 738
407.69	47.52	−8 302 471	90.65	−6 457 982
32.18	659 470.28	−681 725	81 256.30	380 145
641 305.87	10 623.57	16 830	935 167.02	−57 149 623

数码字小写练习

千	百	十	万	千	百	十	元	角	分	千	百	十	万	千	百	十	元	角	分	千	百	十	万	千	百	十	元	角	分	千	百	十	万	千	百	十	元	角	分

三、普通六～四级练习题

乘　算(1—1)

（限时 10 分钟,小数题要求保留两位,
第三位四舍五入）

(1)	14 × 9 352=	
(2)	38 × 4 927=	
(3)	27 × 3 048=	
(4)	5 902 × 64=	
(5)	2 073 × 15=	
(6)	3 196 × 47=	
(7)	9.38 × 70.1=	
(8)	80.7 × 1.59=	
(9)	546 × 8 903=	
(10)	1 459 × 268=	
(11)	23 × 8 509=	
(12)	56 × 3 481=	
(13)	17 × 2 394=	
(14)	8 132 × 79=	
(15)	7 306 × 45=	
(16)	2 048 × 93=	
(17)	394 × 268=	
(18)	106 × 257=	
(19)	0.549 × 1 706=	
(20)	8 795 × 0.601=	

乘　算(1—2)

（限时 10 分钟,小数题要求保留两位,
第三位四舍五入）

(1)	74 × 3 502=	
(2)	31 × 9 427=	
(3)	25 × 4 189=	
(4)	6 508 × 92=	
(5)	8 094 × 15=	
(6)	2 813 × 76=	
(7)	492 × 503=	
(8)	1.79 × 38.4=	
(9)	0.395 × 6 078=	
(10)	3 067 × 219=	
(11)	18 × 9 054=	
(12)	59 × 1 437=	
(13)	41 × 7 523=	
(14)	7 401 × 89=	
(15)	9 578 × 36=	
(16)	8 639 × 27=	
(17)	26.3 × 1.08=	
(18)	307 × 249=	
(19)	0.952 × 1 086=	
(20)	3 024 × 965=	

数码字小写练习

千	百	十	万	千	百	十	元	角	分	千	百	十	万	千	百	十	元	角	分	千	百	十	万	千	百	十	元	角	分	千	百	十	万	千	百	十	元	角	分

三、普通六～四级练习题

乘 算(2—1)

（限时 10 分钟,小数题要求保留两位,
第三位四舍五入）

(1)	68	×	1 472=
(2)	71	×	5 948=
(3)	94	×	8 521=
(4)	8 105	×	36=
(5)	5 918	×	43=
(6)	6 037	×	91=
(7)	26.3	×	5.09=
(8)	3.42	×	90.7=
(9)	439	×	7 026=
(10)	5 207	×	368=
(11)	58	×	7 021=
(12)	62	×	1 059=
(13)	34	×	8 267=
(14)	6 085	×	74=
(15)	2 319	×	65=
(16)	4 071	×	93=
(17)	3.04	×	81.9=
(18)	97.3	×	2.08=
(19)	875	×	436=
(20)	6 921	×	354=

乘 算(2—2)

（限时 10 分钟,小数题要求保留两位,
第三位四舍五入）

(1)	95	×	7 261=
(2)	37	×	1 059=
(3)	51	×	3 708=
(4)	3 045	×	86=
(5)	6 209	×	87=
(6)	1 684	×	29=
(7)	346	×	592=
(8)	2.08	×	41.3=
(9)	0.873	×	9 045=
(10)	1 927	×	364=
(11)	65	×	8 702=
(12)	92	×	3 875=
(13)	38	×	7 019=
(14)	3 079	×	58=
(15)	1 594	×	26=
(16)	2 451	×	63=
(17)	6.14	×	50.9=
(18)	83.7	×	4.92=
(19)	908	×	6 314=
(20)	2 037	×	149=

数码字小写练习

千	百	十	万	千	百	十	元	角	分	千	百	十	万	千	百	十	元	角	分	千	百	十	万	千	百	十	元	角	分	千	百	十	万	千	百	十	元	角	分

三、普通六～四级练习题

乘 算(3—1)
（限时 10 分钟,小数题要求保留两位,
第三位四舍五入）

(1)	95	×	7 413=
(2)	89	×	1 502=
(3)	64	×	2 058=
(4)	6 081	×	47=
(5)	7 204	×	63=
(6)	6 431	×	79=
(7)	35.2	×	6.94=
(8)	7.03	×	92.8=
(9)	138	×	5 906=
(10)	5 279	×	318=
(11)	38	×	7 264=
(12)	57	×	8 316=
(13)	94	×	1 058=
(14)	8 932	×	75=
(15)	4 063	×	89=
(16)	1 649	×	53=
(17)	7.08	×	49.2=
(18)	256	×	0.917=
(19)	371	×	6 209=
(20)	1 526	×	304=

乘 算(3—2)
（限时 10 分钟,小数题要求保留两位,
第三位四舍五入）

(1)	25	×	1 346=
(2)	64	×	9 053=
(3)	31	×	6 478=
(4)	1 947	×	82=
(5)	9 025	×	17=
(6)	8 602	×	91=
(7)	8.31	×	50.7=
(8)	57.3	×	4.29=
(9)	467	×	2 908=
(10)	3 089	×	756=
(11)	54	×	3 172=
(12)	68	×	9.405=
(13)	41	×	8 026=
(14)	9 217	×	65=
(15)	6 819	×	73=
(16)	3 586	×	29=
(17)	935	×	704=
(18)	204	×	538=
(19)	0.307	×	8 149=
(20)	2 073	×	0.916=

数码字小写练习

千	百	十	万	千	百	十	元	角	分	千	百	十	万	千	百	十	元	角	分	千	百	十	万	千	百	十	元	角	分	千	百	十	万	千	百	十	元	角	分

三、普通六～四级练习题

乘 算(4—1)

(限时 10 分钟,小数题要求保留两位,
第三位四舍五入)

(1)	63	×	2 709 =
(2)	38	×	4 092 =
(3)	59	×	1 764 =
(4)	9 284	×	31 =
(5)	1 439	×	54 =
(6)	6 215	×	72 =
(7)	70.1	×	3.68 =
(8)	356	×	0.189 =
(9)	723	×	8.905 =
(10)	7 908	×	652 =
(11)	36	×	1 589 =
(12)	48	×	2 073 =
(13)	19	×	4 285 =
(14)	2 087	×	16 =
(15)	3 051	×	78 =
(16)	8 403	×	59 =
(17)	2.94	×	70.6 =
(18)	15.9	×	3.04 =
(19)	765	×	2 493 =
(20)	3 729	×	168 =

乘 算(4—2)

(限时 10 分钟,小数题要求保留两位,
第三位四舍五入)

(1)	27	×	1 683 =
(2)	38	×	2 195 =
(3)	46	×	7 029 =
(4)	5 083	×	94 =
(5)	9 014	×	85 =
(6)	7 138	×	67 =
(7)	153	×	409 =
(8)	269	×	175 =
(9)	0.592	×	6 304 =
(10)	9 704	×	0.238 =
(11)	21	×	9 135 =
(12)	79	×	6 042 =
(13)	39	×	1 258 =
(14)	5 203	×	19 =
(15)	7 049	×	35 =
(16)	2 184	×	96 =
(17)	801	×	279 =
(18)	638	×	407 =
(19)	0.576	×	4 308 =
(20)	3 954	×	0.706 =

数码字小写练习

千	百	十	万	千	百	十	元	角	分	千	百	十	万	千	百	十	元	角	分	千	百	十	万	千	百	十	元	角	分	千	百	十	万	千	百	十	元	角	分

三、普通六～四级练习题

乘　算(5—1)

(1)	19	×	7 832＝
(2)	67	×	8 495＝
(3)	72	×	1 053＝
(4)	9 538	×	27＝
(5)	8 902	×	34＝
(6)	2 083	×	16＝
(7)	476	×	901＝
(8)	13.5	×	6.49＝
(9)	0.504	×	7 906＝
(10)	9 341	×	852＝
(11)	24	×	1 358＝
(12)	35	×	7 809＝
(13)	18	×	6 527＝
(14)	9 487	×	56＝
(15)	6 052	×	49＝
(16)	3 094	×	12＝
(17)	513	×	609＝
(18)	67.2	×	8.39＝
(19)	0.913	×	2 047＝
(20)	8 097	×	314＝

乘　算(5—2)

(1)	93	×	1 872＝
(2)	57	×	3 164＝
(3)	28	×	7 091＝
(4)	2 304	×	59＝
(5)	1 875	×	64＝
(6)	9 512	×	37＝
(7)	604	×	589＝
(8)	739	×	204＝
(9)	0.168	×	3 592＝
(10)	4 039	×	0.608＝
(11)	26	×	4 873＝
(12)	71	×	2.436＝
(13)	37	×	9 528＝
(14)	5.093	×	61＝
(15)	1 509	×	48＝
(16)	8 042	×	17＝
(17)	4.89	×	60.3＝
(18)	57.8	×	3.19＝
(19)	316	×	5 209＝
(20)	2 694	×	705＝

数码字小写练习

千	百	十	万	千	百	十	元	角	分	千	百	十	万	千	百	十	元	角	分	千	百	十	万	千	百	十	元	角	分	千	百	十	万	千	百	十	元	角	分

四、普通三～一级练习题

乘　算(1—1)

（限时 10 分钟,小数题要求保留两位,
第三位四舍五入）

(1)	1 569	×	3 408	=
(2)	1 743	×	2 586	=
(3)	6 824	×	5 179	=
(4)	9 081	×	7 642	=
(5)	5 408	×	6 923	=
(6)	2 345	×	7 801	=
(7)	601.7	×	493.25	=
(8)	26.79	×	3 104.8	=
(9)	37.805	×	9 641	=
(10)	29 483	×	5.067	=
(11)	9 286	×	5 147	=
(12)	3 504	×	2 678	=
(13)	9 417	×	8 356	=
(14)	1 028	×	3 569	=
(15)	7 591	×	8 064	=
(16)	497.6	×	10.23	=
(17)	31.28	×	4 076.5	=
(18)	5 067	×	93.824	=
(19)	48.536	×	1 029	=
(20)	2 086.4	×	97.14	=

乘　算(1—2)

（限时 10 分钟,小数题要求保留两位,
第三位四舍五入）

(1)	1 467	×	3 058	=
(2)	9 256	×	7 184	=
(3)	7 802	×	4 369	=
(4)	9 145	×	8 623	=
(5)	3 468	×	1 095	=
(6)	30.79	×	214.6	=
(7)	591.8	×	307.42	=
(8)	20.46	×	1 578.9	=
(9)	48.273	×	6.095	=
(10)	10.385	×	2 476	=
(11)	2 406	×	1 358	=
(12)	9 572	×	6 084	=
(13)	5 469	×	8 723	=
(14)	3 094	×	6 781	=
(15)	9 617	×	3 405	=
(16)	275.8	×	19.46	=
(17)	18.34	×	205.7	=
(18)	6 108	×	25.947	=
(19)	32.584	×	9 301	=
(20)	1 073.8	×	24.06	=

数码字小写练习

千	百	十	万	千	百	十	元	角	分	千	百	十	万	千	百	十	元	角	分	千	百	十	万	千	百	十	元	角	分	千	百	十	万	千	百	十	元	角	分

四、普通三～一级练习题

乘　算(2—1)

（限时10分钟,小数题要求保留两位,
第三位四舍五入）

(1)	1 084	×	9 645=
(2)	2 746	×	8 092=
(3)	4 093	×	7 162=
(4)	1 986	×	2 457=
(5)	2 541	×	3 086=
(6)	702.5	×	13.84=
(7)	92.48	×	7 039.6=
(8)	8 305	×	41.796=
(9)	307.46	×	251.8=
(10)	8.657	×	3 409=
(11)	9 231	×	8 067=
(12)	1 803	×	4 579=
(13)	7 586	×	3 241=
(14)	9 054	×	2 638=
(15)	1 379	×	4 806=
(16)	428.7	×	31.59=
(17)	48.52	×	9 076.3=
(18)	1 056	×	82.947=
(19)	368.49	×	265.1=
(20)	2 397.6	×	10.45=

乘　算(2—2)

（限时10分钟,小数题要求保留两位,
第三位四舍五入）

(1)	8.357	×	9 024=
(2)	1 068	×	5 739=
(3)	7 859	×	2 641=
(4)	1 352	×	4 068=
(5)	6 094	×	3 715=
(6)	493.2	×	85.06=
(7)	90.84	×	3 716.2=
(8)	213.5	×	589.74=
(9)	179.32	×	406.8=
(10)	4 680.7	×	19.23=
(11)	8 719	×	5 603=
(12)	7 054	×	1 286=
(13)	9 421	×	3 875=
(14)	4 253	×	1 069=
(15)	7 358	×	9 264=
(16)	268.3	×	90.47=
(17)	80.79	×	5 362.1=
(18)	163.4	×	270.98=
(19)	209.51	×	348.7=
(20)	3 906.8	×	15.74=

数码字小写练习

千	百	十	万	千	百	十	元	角	分	千	百	十	万	千	百	十	元	角	分	千	百	十	万	千	百	十	元	角	分	千	百	十	万	千	百	十	元	角	分

四、普通三～一级练习题

乘 算(3—1)

（限时 10 分钟，小数题要求保留两位，第三位四舍五入）

(1)	9 328	×	1 656＝
(2)	1 286	×	4 907＝
(3)	2 754	×	3 069＝
(4)	9 407	×	2 581＝
(5)	6 089	×	7 314＝
(6)	13.57	×	284.6＝
(7)	2 084	×	35.167＝
(8)	8.175	×	90.436＝
(9)	4 963.5	×	20.87＝
(10)	163.04	×	295.8＝
(11)	1 823	×	5 467＝
(12)	2 305	×	1 894＝
(13)	6 429	×	8 701＝
(14)	8 607	×	3 415＝
(15)	1 482	×	7 069＝
(16)	90.75	×	423.6＝
(17)	158.9	×	263.74＝
(18)	39.04	×	1 862.5＝
(19)	5 167.4	×	30.92＝
(20)	36.784	×	9 508＝

乘 算(3—2)

（限时 10 分钟，小数题要求保留两位，第三位四舍五入）

(1)	2 048	×	3 176＝
(2)	1 369	×	4 578＝
(3)	4 207	×	6 185＝
(4)	6 482	×	7 059＝
(5)	3 908	×	4.612＝
(6)	1 954	×	2 063＝
(7)	87.62	×	5 431.9＝
(8)	4 395	×	20.678＝
(9)	175.06	×	489.3＝
(10)	8 351.7	×	24.09＝
(11)	3 095	×	2 476＝
(12)	3 428	×	1 057＝
(13)	5 612	×	8 394＝
(14)	4 927	×	3 605＝
(15)	1 254	×	7 089＝
(16)	830.7	×	56.42＝
(17)	10.68	×	2 934.7＝
(18)	947.3	×	561.08＝
(19)	508.76	×	142.3＝
(20)	3 684.9	×	91.68＝

数码字小写练习

千	百	十	万	千	百	十	元	角	分	千	百	十	万	千	百	十	元	角	分	千	百	十	万	千	百	十	元	角	分	千	百	十	万	千	百	十	元	角	分

四、普通三～一级练习题

乘 算(4—1)
(限时 10 分钟,小数题要求保留两位,
第三位四舍五入)

(1)	1 854	×	3 726 =
(2)	4 638	×	9 071 =
(3)	3 526	×	1 408 =
(4)	9 057	×	2 864 =
(5)	5 489	×	6 031 =
(6)	13.46	×	207.9 =
(7)	406.2	×	139.58 =
(8)	38.09	×	7 542.6 =
(9)	1 208.7	×	49.65 =
(10)	21.796	×	3 485 =
(11)	5 104	×	3 268 =
(12)	4 935	×	1 672 =
(13)	3 746	×	2 195 =
(14)	9 087	×	3 641 =
(15)	2 859	×	3 074 =
(16)	71.06	×	589.4 =
(17)	364.2	×	758.09 =
(18)	13.08	×	2 678.4 =
(19)	39.867	×	1 054 =
(20)	45.812	×	3 906 =

乘 算(4—2)
(限时 10 分钟,小数题要求保留两位,
第三位四舍五入)

(1)	3 564	×	2 089 =
(2)	6 028	×	7 514 =
(3)	4 375	×	8 692 =
(4)	3 847	×	2 016 =
(5)	9 154	×	7 623 =
(6)	6 078	×	1.349 =
(7)	18.06	×	3 495.7 =
(8)	932.7	×	401.85 =
(9)	12.498	×	5 706 =
(10)	2 190.5	×	36.78 =
(11)	1 673	×	5 084 =
(12)	4 892	×	3 615 =
(13)	5 236	×	1 894 =
(14)	7 509	×	8 241 =
(15)	3 625	×	4 708 =
(16)	9 214	×	5.607 =
(17)	8 476	×	91.205 =
(18)	2 058	×	36.974 =
(19)	17.084	×	2 369 =
(20)	18.049	×	3 267 =

数码字小写练习

千	百	十	万	千	百	十	元	角	分	千	百	十	万	千	百	十	元	角	分	千	百	十	万	千	百	十	元	角	分	千	百	十	万	千	百	十	元	角	分

四、普通三～一级练习题

乘 算(5—1)

（限时 10 分钟,小数题要求保留两位,
第三位四舍五入）

(1)	5 418	×	9 026 =
(2)	3 679	×	1 895 =
(3)	4 063	×	2 178 =
(4)	9 154	×	8 306 =
(5)	2 576	×	3 084 =
(6)	8 109	×	7.245 =
(7)	79.82	×	5 143.6 =
(8)	3 645	×	70.192 =
(9)	203.89	×	674.5 =
(10)	18.027	×	9 463 =
(11)	6 218	×	4 039 =
(12)	5 804	×	3 716 =
(13)	2 437	×	8 609 =
(14)	3 249	×	1 675 =
(15)	4 051	×	3 862 =
(16)	769.3	×	51.08 =
(17)	63.08	×	9 254.7 =
(18)	1 729	×	40.658 =
(19)	157.08	×	249.6 =
(20)	6 589.4	×	32.71 =

乘 算(5—2)

（限时 10 分钟,小数题要求保留两位,
第三位四舍五入）

(1)	8 403	×	3 569 =
(2)	7 126	×	4 058 =
(3)	4 857	×	1 692 =
(4)	9 024	×	3 876 =
(5)	3 986	×	1 047 =
(6)	48.56	×	193.2 =
(7)	105.3	×	284.79 =
(8)	69.75	×	1 420.08 =
(9)	19.302	×	7 564 =
(10)	74.218	×	3 065 =
(11)	2 694	×	1 807 =
(12)	5 079	×	3 264 =
(13)	1 403	×	7 285 =
(14)	9 143	×	8 762 =
(15)	6 895	×	3 104 =
(16)	470.2	×	16.83 =
(17)	75.18	×	9 460.2 =
(18)	180.5	×	543.96 =
(19)	47.382	×	1 659 =
(20)	62.308	×	7 954 =

数码字小写练习

千	百	十	万	千	百	十	元	角	分	千	百	十	万	千	百	十	元	角	分	千	百	十	万	千	百	十	元	角	分	千	百	十	万	千	百	十	元	角	分

五、普通六～四级练习题

除　算(1—1)

（限时 10 分钟,小数题要求保留两位,
第三位四舍五入）

(1)	42 573 ÷	617=
(2)	3 720 ÷	248=
(3)	21 378 ÷	509=
(4)	10 439 ÷	143=
(5)	4 608 ÷	256=
(6)	67 260 ÷	708=
(7)	56 784 ÷	91=
(8)	9 594 ÷	26=
(9)	39 379 ÷	53=
(10)	30 144 ÷	48=
(11)	12 008 ÷	76=
(12)	21 924 ÷	29=
(13)	187 824 ÷	301=
(14)	303 050 ÷	475=
(15)	351 050 ÷	826=
(16)	202 246 ÷	317=
(17)	18.058 7 ÷	2.84=
(18)	246.98 ÷	50.9=
(19)	8.572 1 ÷	6.37=
(20)	0.936 8 ÷	0.148=

除　算(1—2)

（限时 10 分钟,小数题要求保留两位,
第三位四舍五入）

(1)	33 180 ÷	345=
(2)	13 912 ÷	296=
(3)	20 982 ÷	807=
(4)	6 960 ÷	145=
(5)	22 557 ÷	309=
(6)	13 832 ÷	728=
(7)	25 912 ÷	41=
(8)	5 724 ÷	36=
(9)	77 924 ÷	92=
(10)	29 982 ÷	57=
(11)	20 972 ÷	49=
(12)	61 758 ÷	73=
(13)	78 720 ÷	205=
(14)	244 566 ÷	378=
(15)	252 816 ÷	916=
(16)	229 957 ÷	247=
(17)	8.561 3 ÷	6.25=
(18)	390.32 ÷	83.9=
(19)	0.949 8 ÷	0.149=
(20)	20.65 ÷	5.67=

数码字小写练习

千	百	十	万	千	百	十	元	角	分	千	百	十	万	千	百	十	元	角	分	千	百	十	万	千	百	十	元	角	分	千	百	十	万	千	百	十	元	角	分

五、普通六～四级练习题

除　算(2—1)

（限时 10 分钟, 小数题要求保留两位,
第三位四舍五入）

(1)	10 416 ÷	168＝
(2)	21 535 ÷	295＝
(3)	11 803 ÷	407＝
(4)	8 268 ÷	318＝
(5)	12 685 ÷	295＝
(6)	37 448 ÷	604＝
(7)	23 088 ÷	37＝
(8)	12 012 ÷	26＝
(9)	8 359 ÷	13＝
(10)	35 868 ÷	49＝
(11)	36 210 ÷	85＝
(12)	6 188 ÷	17＝
(13)	379 392 ÷	608＝
(14)	54 270 ÷	402＝
(15)	95 076 ÷	139＝
(16)	249 486 ÷	258＝
(17)	10 213 ÷	74.6＝
(18)	20.971 6 ÷	3.19＝
(19)	4 330.1 ÷	502＝
(20)	194 823 ÷	14.3＝

除　算(2—2)

（限时 10 分钟, 小数题要求保留两位,
第三位四舍五入）

(1)	16 415 ÷	245＝
(2)	17 575 ÷	703＝
(3)	61 506 ÷	918＝
(4)	40 128 ÷	627＝
(5)	7 906 ÷	134＝
(6)	27 508 ÷	598＝
(7)	25 625 ÷	41＝
(8)	9 666 ÷	27＝
(9)	62 499 ÷	83＝
(10)	61 815 ÷	65＝
(11)	69 276 ÷	92＝
(12)	2 862 ÷	18＝
(13)	416 898 ÷	437＝
(14)	422 994 ÷	561＝
(15)	142 480 ÷	208＝
(16)	197 808 ÷	317＝
(17)	477.648 ÷	49.6＝
(18)	1 188.44 ÷	504＝
(19)	17.451 1 ÷	6.12＝
(20)	56.127 2 ÷	35.8＝

数码字小写练习

千	百	十	万	千	百	十	元	角	分	千	百	十	万	千	百	十	元	角	分	千	百	十	万	千	百	十	元	角	分	千	百	十	万	千	百	十	元	角	分

五、普通六～四级练习题

除　算(3—1)

（限时 10 分钟,小数题要求保留两位,

第三位四舍五入）

(1)	30 144	÷	478=
(2)	24 702	÷	537=
(3)	29 684	÷	362=
(4)	9 614	÷	209=
(5)	3 792	÷	158=
(6)	11 648	÷	416=
(7)	45 648	÷	72=
(8)	16 272	÷	36=
(9)	45 017	÷	59=
(10)	25 748	÷	41=
(11)	12 367	÷	83=
(12)	21 508	÷	76=
(13)	750 715	÷	205=
(14)	65 052	÷	417=
(15)	52 000	÷	832=
(16)	78 923	÷	169=
(17)	11.967 5	÷	2.58=
(18)	31.734 5	÷	6.07=
(19)	38.39	÷	4.13=
(20)	12.415 2	÷	2.68=

除　算(3—2)

（限时 10 分钟,小数题要求保留两位,

第三位四舍五入）

(1)	47 728	÷	628=
(2)	45 570	÷	735=
(3)	78 280	÷	824=
(4)	41 446	÷	901=
(5)	15 314	÷	247=
(6)	11 430	÷	635=
(7)	51 435	÷	81=
(8)	13 608	÷	42=
(9)	63 717	÷	67=
(10)	71 535	÷	95=
(11)	13 020	÷	28=
(12)	21 114	÷	34=
(13)	68 445	÷	507=
(14)	311 828	÷	418=
(15)	190 773	÷	369=
(16)	601 025	÷	725=
(17)	28.118 8	÷	4.31=
(18)	579.56	÷	92.6=
(19)	8.315 7	÷	5.03=
(20)	9.161 9	÷	0.147=

数码字小写练习

千	百	十	万	千	百	十	元	角	分	千	百	十	万	千	百	十	元	角	分	千	百	十	万	千	百	十	元	角	分	千	百	十	万	千	百	十	元	角	分

五、普通六～四级练习题

<table>
<tr><td colspan="2">

除　算(4—1)

（限时 10 分钟，小数题要求保留两位，
第三位四舍五入）
</td><td colspan="2">

除　算(4—2)

（限时 10 分钟，小数题要求保留两位，
第三位四舍五入）
</td></tr>
</table>

	除算(4—1)		除算(4—2)
(1)	5 012 ÷ 358＝	(1)	12 348 ÷ 196＝
(2)	52 128 ÷ 724＝	(2)	46 636 ÷ 524＝
(3)	77 010 ÷ 906＝	(3)	23 100 ÷ 308＝
(4)	5 733 ÷ 147＝	(4)	29 946 ÷ 713＝
(5)	33 792 ÷ 528＝	(5)	8 496 ÷ 472＝
(6)	66 456 ÷ 936＝	(6)	9 962 ÷ 586＝
(7)	12 384 ÷ 48＝	(7)	15 834 ÷ 91＝
(8)	10 701 ÷ 29＝	(8)	38 016 ÷ 72＝
(9)	44 982 ÷ 63＝	(9)	24 282 ÷ 38＝
(10)	50 103 ÷ 57＝	(10)	4 032 ÷ 24＝
(11)	10 320 ÷ 16＝	(11)	49 737 ÷ 59＝
(12)	51 792 ÷ 83＝	(12)	7 728 ÷ 16＝
(13)	473 396 ÷ 742＝	(13)	188 176 ÷ 304＝
(14)	75 332 ÷ 509＝	(14)	226 152 ÷ 698＝
(15)	55 062 ÷ 126＝	(15)	325 710 ÷ 705＝
(16)	189 024 ÷ 358＝	(16)	70 928 ÷ 124＝
(17)	16.843 ÷ 4.71＝	(17)	61.541 8 ÷ 9.85＝
(18)	133.67 ÷ 90.2＝	(18)	232.63 ÷ 50.2＝
(19)	28.46 ÷ 3.76＝	(19)	10.096 6 ÷ 7.43＝
(20)	87.191 ÷ 58.4＝	(20)	189.07 ÷ 31.6＝

数码字小写练习

千	百	十	万	千	百	十	元	角	分	千	百	十	万	千	百	十	元	角	分	千	百	十	万	千	百	十	元	角	分	千	百	十	万	千	百	十	元	角	分

五、普通六～四级练习题

除 算(5—1)

(限时 10 分钟, 小数题要求保留两位, 第三位四舍五入)

(1)	24 168	÷	318=
(2)	14 432	÷	902=
(3)	9 846	÷	547=
(4)	18 067	÷	623=
(5)	30 156	÷	718=
(6)	77 830	÷	905=
(7)	11 646	÷	18=
(8)	11 766	÷	74=
(9)	9 204	÷	26=
(10)	42 408	÷	93=
(11)	24 633	÷	51=
(12)	12 864	÷	48=
(13)	128 326	÷	307=
(14)	126 799	÷	149=
(15)	248 454	÷	258=
(16)	85 358	÷	637=
(17)	159.19	÷	25.1=
(18)	0.648 9	÷	0.396=
(19)	47.307 6	÷	7.24=
(20)	37.804 1	÷	8.15=

除 算(5—2)

(限时 10 分钟, 小数题要求保留两位, 第三位四舍五入)

(1)	17 550	÷	702=
(2)	22 620	÷	348=
(3)	67 784	÷	916=
(4)	39 032	÷	574=
(5)	40 238	÷	682=
(6)	14 688	÷	918=
(7)	14 706	÷	57=
(8)	46 998	÷	63=
(9)	17 806	÷	29=
(10)	8 829	÷	81=
(11)	28 905	÷	47=
(12)	8 528	÷	26=
(13)	201 864	÷	312=
(14)	135 876	÷	507=
(15)	96 844	÷	781=
(16)	339 108	÷	924=
(17)	1.060 09	÷	0.153=
(18)	319.92	÷	69.2=
(19)	7.924 2	÷	4.78=
(20)	33.052 9	÷	5.06=

数码字小写练习

千	百	十	万	千	百	十	元	角	分	千	百	十	万	千	百	十	元	角	分	千	百	十	万	千	百	十	元	角	分	千	百	十	万	千	百	十	元	角	分

六、普通三～一级练习题

除 算(1—1)

（限时10分钟，小数题要求保留两位，
第三位四舍五入）

(1)	3 132 360	÷	495 =
(2)	4 527 789	÷	6 013 =
(3)	1 160 432	÷	728 =
(4)	1 506.024	÷	9 654 =
(5)	1 121 778	÷	307 =
(6)	250 020	÷	1 852 =
(7)	3 750 752	÷	496 =
(8)	4 401 824	÷	7 312 =
(9)	643 636	÷	508 =
(10)	1 301 163	÷	2 469 =
(11)	696 000	÷	375 =
(12)	2 972 037	÷	6 801 =
(13)	14 549.7	÷	92.3 =
(14)	34.154 9	÷	5.317 6 =
(15)	5 131.69	÷	8.04 =
(16)	8 282.95	÷	4 923.5 =
(17)	2 876.04	÷	6.87 =
(18)	18.001 2	÷	3.091 2 =
(19)	757.46	÷	4.57 =
(20)	9 972.3	÷	7 301.6 =

除 算(1—2)

（限时10分钟，小数题要求保留两位，
第三位四舍五入）

(1)	3 062 124	÷	702 =
(2)	2 586 250	÷	4 138 =
(3)	1 684 472	÷	956 =
(4)	2 579 004	÷	3 027 =
(5)	5 400 696	÷	854 =
(6)	3 214 080	÷	6 912 =
(7)	325 113	÷	307 =
(8)	548 730	÷	2 814 =
(9)	4 139 179	÷	659 =
(10)	4 538 268	÷	7 308 =
(11)	1 198 764	÷	426 =
(12)	969 732	÷	5 913 =
(13)	43 461.05	÷	70.8 =
(14)	1 563.71	÷	246.09 =
(15)	566.49	÷	3.57 =
(16)	53 653.9	÷	8 162.4 =
(17)	1 326.43	÷	9.05 =
(18)	32.018 6	÷	3.712 6 =
(19)	124.19	÷	48.9 =
(20)	776.37	÷	523.76 =

数码字小写练习

千	百	十	万	千	百	十	元	角	分	千	百	十	万	千	百	十	元	角	分	千	百	十	万	千	百	十	元	角	分	千	百	十	万	千	百	十	元	角	分

六、普通三～一级练习题

除　算(2—1)

(限时 10 分钟,小数题要求保留两位,
第三位四舍五入)

(1)	1 615 472 ÷	496=
(2)	1 842 094 ÷	2 137=
(3)	745 236 ÷	508=
(4)	1 174 768 ÷	4 936=
(5)	2 487 849 ÷	701=
(6)	9 524 586 ÷	5 829=
(7)	721 448 ÷	364=
(8)	1 317 452 ÷	2 078=
(9)	868 287 ÷	519=
(10)	1 029 134 ÷	4 306=
(11)	4 793 592 ÷	758=
(12)	2 001 918 ÷	2 914=
(13)	815.549 6 ÷	6.03=
(14)	22.398 7 ÷	5.812 7=
(15)	31.123.8 ÷	49.8=
(16)	742.367 ÷	203.75=
(17)	9 009.14 ÷	16.8=
(18)	1 252.58 ÷	749.02=
(19)	3 491.61 ÷	8.36=
(20)	10.449 1 ÷	1.524 7=

除　算(2—2)

(限时 10 分钟,小数题要求保留两位,
第三位四舍五入)

(1)	936 167 ÷	149=
(2)	968 409 ÷	3 627=
(3)	3 877 056 ÷	508=
(4)	882 508 ÷	1 294=
(5)	918 528 ÷	736=
(6)	3 679 736 ÷	5 804=
(7)	4 721 732 ÷	619=
(8)	443 556 ÷	2 738=
(9)	2 562 435 ÷	405=
(10)	470 784 ÷	1 839=
(11)	5 952 286 ÷	706=
(12)	3 772 164 ÷	5 412=
(13)	4 420.45 ÷	9.38=
(14)	24.781 8 ÷	6.720 5=
(15)	25 416.9 ÷	41.3=
(16)	398.602 8 ÷	287.96=
(17)	3 104.12 ÷	5.01=
(18)	22 714.6 ÷	3 498.7=
(19)	3 797.8 ÷	6.15=
(20)	29 078.5 ÷	8 024.9=

数码字小写练习

千	百	十	万	千	百	十	元	角	分	千	百	十	万	千	百	十	元	角	分	千	百	十	万	千	百	十	元	角	分	千	百	十	万	千	百	十	元	角	分

六、普通三～一级练习题

除　算（3—1）

（限时 10 分钟，小数题要求保留两位，第三位四舍五入）

(1)	2 203 924	÷	617=
(2)	5 163 345	÷	8 235=
(3)	1 440 072	÷	904=
(4)	20 384	÷	1 876=
(5)	856 973	÷	529=
(6)	2 812 710	÷	3 074=
(7)	4 569 492	÷	618=
(8)	2 555 112	÷	9 534=
(9)	5 940 324	÷	702=
(10)	2 895 486	÷	4 618=
(11)	831 444	÷	579=
(12)	995 596	÷	8 023=
(13)	26 529.2	÷	41.5=
(14)	11.206 04	÷	5.739 8=
(15)	378.335 0	÷	2.06=
(16)	10 292.73	÷	1 645.7=
(17)	6 096.85	÷	8.09=
(18)	8.781 03	÷	5.213 4=
(19)	4 241.62	÷	6.79=
(20)	11 992.53	÷	2 593.8=

除　算（3—2）

（限时 10 分钟，小数题要求保留两位，第三位四舍五入）

(1)	481 278	÷	294=
(2)	3 045 315	÷	6 305=
(3)	3 325 776	÷	718=
(4)	876 583	÷	5 249=
(5)	5 957 934	÷	706=
(6)	1 149 918	÷	1 834=
(7)	3 895 556	÷	529=
(8)	3 692 940	÷	4 036=
(9)	4 351 342	÷	817=
(10)	2 585 076	÷	5 902=
(11)	830 748	÷	647=
(12)	4 473 645	÷	7 135=
(13)	37 574.35	÷	90.2=
(14)	765.015 7	÷	468.12=
(15)	3 614.04	÷	5.79=
(16)	5 189.34	÷	3 084.6=
(17)	4 448.84	÷	7.12=
(18)	21.686 7	÷	5.934 7=
(19)	38 369.24	÷	60.1=
(20)	789.508 0	÷	475.98=

数码字小写练习

千	百	十	万	千	百	十	元	角	分	千	百	十	万	千	百	十	元	角	分	千	百	十	万	千	百	十	元	角	分	千	百	十	万	千	百	十	元	角	分

六、普通三～一级练习题

除　算(4—1)
（限时 10 分钟，小数题要求保留两位，第三位四舍五入）

(1)	854 882	÷	538 ＝
(2)	464 778	÷	1 026 ＝
(3)	887 587	÷	479 ＝
(4)	4 445 648	÷	5 832 ＝
(5)	4 946 907	÷	609 ＝
(6)	5 059 076	÷	7 418 ＝
(7)	1 927 607	÷	253 ＝
(8)	1 677 561	÷	9 167 ＝
(9)	3 114 672	÷	408 ＝
(10)	2 014 062	÷	3 259 ＝
(11)	5 579 081	÷	647 ＝
(12)	6 101 559	÷	8 103 ＝
(13)	1 564.88	÷	9.52 ＝
(14)	48.290 4	÷	7.401 6 ＝
(15)	33 461.5	÷	38.7 ＝
(16)	261.74	÷	192.64 ＝
(17)	31 664.2	÷	50.7 ＝
(18)	617.012 8	÷	368.19 ＝
(19)	3 521.94	÷	7.52 ＝
(20)	11.094 8	÷	4.013 6 ＝

除　算(4—2)
（限时 10 分钟，小数题要求保留两位，第三位四舍五入）

(1)	2 956 646	÷	803 ＝
(2)	902 368	÷	5 216 ＝
(3)	3 434 769	÷	947 ＝
(4)	1 898 322	÷	3 018 ＝
(5)	4 776 250	÷	625 ＝
(6)	2 957 136	÷	4 739 ＝
(7)	364 878	÷	508 ＝
(8)	697 983	÷	1 627 ＝
(9)	1 584 998	÷	934 ＝
(10)	4 308 164	÷	7 028 ＝
(11)	4 132 647	÷	569 ＝
(12)	3 548 325	÷	4 301 ＝
(13)	3 053.76	÷	8.27 ＝
(14)	7.671 82	÷	5.619 4 ＝
(15)	4 456.57	÷	30.2 ＝
(16)	1 106.07	÷	176.85 ＝
(17)	2 019.13	÷	4.09 ＝
(18)	6 320.12	÷	2 387.6 ＝
(19)	2 457.67	÷	5.04 ＝
(20)	26 074.7	÷	9 713.8 ＝

数码字小写练习

千	百	十	万	千	百	十	元	角	分	千	百	十	万	千	百	十	元	角	分	千	百	十	万	千	百	十	元	角	分	千	百	十	万	千	百	十	元	角	分

六、普通三～一级练习题

<table>
<tr><td colspan="2">

除 算(5—1)
（限时 10 分钟,小数题要求保留两位,
第三位四舍五入）
</td><td colspan="2">

除 算(5—2)
（限时 10 分钟,小数题要求保留两位,
第三位四舍五入）
</td></tr>
</table>

	除 算(5—1)		除 算(5—2)
(1)	3 325 432 ÷ 506＝	(1)	1 149 972 ÷ 183＝
(2)	2 037 464 ÷ 7 124＝	(2)	1 900 138 ÷ 5 249＝
(3)	3 491 918 ÷ 839＝	(3)	2 668 979 ÷ 607＝
(4)	974 970 ÷ 7 065＝	(4)	691 046 ÷ 4 138＝
(5)	3 149 212 ÷ 418＝	(5)	4 662 880 ÷ 965＝
(6)	2 017 803 ÷ 2 963＝	(6)	6 426 045 ÷ 7 023＝
(7)	992 706 ÷ 507＝	(7)	2 622 114 ÷ 418＝
(8)	5 281 221 ÷ 8 423＝	(8)	1 036 200 ÷ 3 925＝
(9)	2 987 294 ÷ 619＝	(9)	977 104 ÷ 706＝
(10)	3 317 622 ÷ 3 507＝	(10)	3 002 237 ÷ 4 819＝
(11)	1 120 392 ÷ 468＝	(11)	2 596 932 ÷ 537＝
(12)	2 824 584 ÷ 7 912＝	(12)	4 451 736 ÷ 6 024＝
(13)	11 225.44 ÷ 30.4＝	(13)	61 726.98 ÷ 81.9＝
(14)	16.729 6 ÷ 4.628 7＝	(14)	958.007 7 ÷ 357.01＝
(15)	1 597.88 ÷ 9.15＝	(15)	2 941.26 ÷ 4.68＝
(16)	7 444.15 ÷ 5 034.6＝	(16)	13 925.61 ÷ 2 973.5＝
(17)	2 940.01 ÷ 7.98＝	(17)	5 717.72 ÷ 6.01＝
(18)	35.476 2 ÷ 4.102 3＝	(18)	5.294 15 ÷ 4.823 7＝
(19)	2 746.98 ÷ 5.68＝	(19)	43 388.3 ÷ 50.9＝
(20)	9 463.22 ÷ 1 482.7＝	(20)	2 378.06 ÷ 364.87＝

数码字小写练习

千	百	十	万	千	百	十	元	角	分	千	百	十	万	千	百	十	元	角	分	千	百	十	万	千	百	十	元	角	分	千	百	十	万	千	百	十	元	角	分

七、普通六～四级综合练习题（一）

（正面）

（限时20分钟，乘、除算小数题精确到0.01）

（一）	（二）	（三）	（四）	（五）	（六）
457	2 039	5 860	5 746	8 135	4 053
8 096	567 814	234 951	−123	269	70 621
6 921	781	246	87 091	30 497	8 396
125 734	94 035	6 587	508	840	−932
809	324	914	−2 430	6 254	−5 801
9 563	6 278	83 072	306	175	296
248	143	419	974 652	372 581	704
60 371	9 510	9 085	718	903	−1 456
625	260 795	127	8 264	6 052	837
1 780	8 654	8 960	−59 061	48 719	−52 108
407	912	315 706	590	487	−7 049
958 312	87 036	243	−2 347	5 362	495 362
7 124	584	9 378	694 718	127 903	218
396	2 371	214	963	641	976
83 502	690	50 763	−1 285	9 058	734 185

注：加减,乘,除各对6题为六级
加减,乘,除各对7题为五级
加减,乘,除各对8题为四级

(7) 4 702×68=　　　　(8) 64×5 308=

(9) 3 097×26=　　　　(10) 42×3 719=

(11) 8 152×97=　　　　(12) 94×3 075=

(13) 23 606÷74=　　　　(14) 42 228÷918=

(15) 7 248÷12=　　　　(16) 6 355÷205=

(17) 49 184÷53=　　　　(18) 37 474÷457=

· 125 ·

（十九）	（二十二）	（二十五）	（二十八）
5 872	73 142	903	286
409 623	605	9 375	5 347
497	9 410	864 720	60 198
7 215	891 357	−812	−472
369	862	−50 196	−1 083
50 184	16 273	1 384	640
341	5 069	209	674 921
936	351	−5 026	−9 736
8 652	698 427	743 568	695
5 768	706	−1 674	−2 013
732 180	4 098	235	578
904	285	18 749	105 829
6 015	5 436	172	935
439	903	−3 076	−43 567
80 172	2 781	459	8 102

(20) 307×196
=

(21) $207\,988 \div 652$
=

(23) 63.18×57.4
=

(24) $38\,442 \div 149$
=

(26) 925×403
=

(27) $36.438\,09 \div 8.76$
=

(29) 156×2.043
=

(30) $2.269\,87 \div 0.327$
=

七、普通六~四级综合练习题（二）

（正面）

（限时 20 分钟，乘、除算小数题精确到 0.01）

（一）	（二）	（三）	（四）	（五）	（六）
8 295	965 820	6 209	107	7 846	45 213
40 127	174	574	56 043	935	−938
936	3 052	10 358	−329	529 187	7 106
4 865	8 396	691	1 762	4 231	869
640	517	3 479	396 428	409	−4 075
815 092	82 065	284	−8 371	90 657	531
7 319	4 719	870 362	506	8 342	698 324
813	397	510	−49 275	781	402
32 074	681 473	1 437	628	912 465	3 280
675 408	240	98 625	1 486	593	−59 167
156	9 352	986	587 069	4 320	782
8 237	168	3 740	901	608	−9 406
793	5 096	278 015	−7 413	81 479	−4 175
4 201	793	842	392	723	823
965	4 201	5 136	−4 805	6 510	705 961
	965				
	32 704				

(7) 5 813×79=　　　　　(8) 75×6 419=

(9) 4 208×37=　　　　　(10) 53×4 802=

(11) 2 639×18=　　　　　(12) 95×3 086=

(13) 16 072÷82=　　　　(14) 6 960÷435=

(15) 61 940÷76=　　　　(16) 50 758÷619=

(17) 6 417÷31=　　　　　(18) 39 644÷748=

七、普通六～四级综合练习题（二）

（反面）

（十九）	（二十二）	（二十五）	（二十八）
258	9 570	921	972 348
820 491	7 018	890 145	604
754	—634	687	3 715
4 127	846 297	2 460	931
865	536	—713	20 196
36 290	—79 042	3 506	8 207
1 086	790 213	—9 612	340
325 418	420	843	6 784
973	48 163	528 317	5 128
329	459	—37 024	816
6 540	—7 298	468	21 043
9 627	615	61 590	324
65 031	—3 102	769	5 476
904	863	—4 905	829
8 715	—5 281	—3 857	458 097

(20) 418×207
=

(21) 65 640÷135
=

(23) 7 402×0.658
=

(24) 18.089 5÷2.16
=

(26) 306×514
=

(27) 519 138÷573
=

(29) 2.67×154.3
=

(30) 48.577 3÷9.47
=

七、普通六～四级综合练习题(三)

(正面)

(限时 20 分钟,乘、除算小数题精确到 0.01)

(一)	(二)	(三)	(四)	(五)	(六)
732	42 516	6 145	4 526	803	82 719
6 915	903	329	90 781	9 247	-695
480	7 258	8 097	-397	516	3 941
41 297	320	648	528 463	54 103	906
356	916 542	2 034	814	698	950 172
4 870	8 174	712	-6 952	5 701	-4 327
726 381	4 786	735 061	378	390 486	560
3 528	397	985	-3 019	8 260	-3 842
905	905	8 203	710 635	623	385
4 617	82 450	752	280	5 947	-49 210
30 289	973	47 619	-5 429	219	361
541	6 185	476	601	82 735	7 854
609	301	3 102	-72 543	654	607
817 450	203.769	354 891	8 910	704 162	601 385
6 293	8 416	89 560	674	3 918	-2 748

(7) 6 924×85=　　　　(8) 86×7 502=

(9) 5 319×48=　　　　(10) 64×1 395=

(11) 3 704×29=　　　　(12) 38×4 197=

(13) 13 806÷59=　　　　(14) 26 195÷403=

(15) 27 832÷49=　　　　(16) 33 222÷678=

(17) 8 881÷83=　　　　(18) 62 220÷915=

七、普通六～四级综合练习题（三）

（反面）

（十九）	（二十二）	（二十五）	（二十八）
7 604	4 072	2 746	861 247
983	751	3 894	583
54 290	2 093	−658	2 604
8 516	504	−50 489	−820
5 439	6 187	357	91 085
218	248	26 913	7 196
862	37 052	741 206	239
214 307	319	732	−5 673
9 075	689 102	−8 501	−4 017
25 189	68 931	−2 495	705
754	425	602	−19 032
3 016	735 186	−1 359	214
643	523	576	−4 365
719 380	6 907	789 034	718
147	8 469	810	347 986

(20) 529×183
=

(21) $274\,436 \div 628$
=

(23) 501.3×6.97
=

(24) $5.526\,14 \div 0.915$
=

(26) 417×625
=

(27) $62\,271 \div 407$
=

(29) 3.78×42.06
=

(30) $7.955\,59 \div 3.07$
=

七、普通六～四级综合练习题（四）

（正面）

（限时 20 分钟，乘、除算小数题精确到 0.01）

（一）	（二）	（三）	（四）	（五）	（六）
2 179	4 537	71 068	3 415	972	5 034
694	286	594	98 670	8 136	−218
450 813	692 043	2 803	−286	405	7 186
7 568	5 908	589	417 352	43 092	573
930	712	847 160	703	587	−9 321
93 042	21 674	3 621	−5 481	4 609	609
6 175	3 598	405	762	298 763	624 950
218	430	2 137	2 809	7 156	847
508 734	209 756	942	609 254	512	−7 192
406	861	38 150	917	4 839	610
7 659	5 980	294	−4 138	71 426	−36 508
391	317	6 703	590	543	365
81 920	30 142	568	−61 423	639 051	−2 941
256	498	589 247	−7 809	2 807	243 087
3 847	7 615	7 316	536	180	78 495

(7) 7 035×96=

(8) 97×8 013=

(9) 4 602×59=

(10) 75×2 406=

(11) 8 415×36=

(12) 29×5 318=

(13) 9 264÷48=

(14) 78 288÷932=

(15) 65 232÷72=

(16) 45 828÷804=

(17) 17 366÷38=

(18) 52 731÷567=

七、普通六～四级综合练习题（四）

（反面）

（十九）	（二十二）	（二十五）	（二十八）
3 591	768	823 671	107
910	4 012	−905	56 043
24 835	935	1 347	329
216	51 078	−4 682	−1 762
5 302	346	359	396 428
143	5 207	−67 123	8 371
807 659	874 621	9 058	506
872	6 032	489	−49 275
80 649	398	265 094	628
4 027	5 417	701	−1 486
163	904	−8 437	587 069
2 795	69 082	526	−901
596 381	351	−3 182	7 413
407	217 539	605	392
1 726	8 406	47 910	−4 805

(20) $306 \times 294 =$

(21) $168\ 542 \div 517 =$

(23) $6.124 \times 807 =$

(24) $42.104\ 67 \div 8.04 =$

(26) $285 \times 367 =$

(27) $80\ 784 \div 396 =$

(29) $49.8 \times 50.73 =$

(30) $39.868\ 4 \div 26.9 =$

七、普通六～四级综合练习题（五）

（正面）

（限时 20 分钟，乘、除算小数题精确到 0.01）

（一）	（二）	（三）	（四）	（五）	（六）
49 826	645	6 548	3 280	38 715	651
937	308 976	397	705	−826	5 804
5 061	2 130	703 154	561 923	−4 059	−739
384 956	86 524	6 019	8 679	273 845	30 168
324	419	382	104	213	245
5 142	5 067	32 875	40 153	−4 031	3 976
708	201	4 960	7 268	697	615 207
79 215	315	541	392	−61 804	−2 471
604	910 548	310 687	619 845	539	983
3 879	873	729	517	2 768	−3 026
423	8 427	6 902	8 760	312	859
568 190	396	824	402	457 089	−29 178
7 365	7 934	41 253	92 031	−6 254	403
801	21 765	590	367	970	706 349
4 273	2 089	8 716	4 598	3 162	−5 812

(7) 3 169×57＝　　　　　　(8) 95×4 276＝

(9) 2 386×15＝　　　　　　(10) 31×2 608＝

(11) 7 041×89＝　　　　　　(12) 83×9 174＝

(13) 7 696÷37＝　　　　　　(14) 59 933÷821＝

(15) 60 085÷61＝　　　　　　(16) 44 688÷456＝

(17) 10 034÷29＝　　　　　　(18) 36 478÷793＝

七、普通六～四级综合练习题（五）

（反面）

（十九）	（二十二）	（二十五）	（二十八）
697 351	264	8 961	973
3 097	3 105	−205	51 746
463	459 067	530 498	−620
5 108	871	5 324	9 312
924	6 908	710	506 428
184 253	293	−71 058	−8 639
306	185	−9 263	571
70 649	2 739	894	−40 235
2 185	14 523	304 615	128
874	6 348	502	−9 481
8 210	278 016	−6 237	583 017
796	907	179	709
85 132	4 625	94 780	−3 496
4 079	583	832	602
526	91 470	−1 546	4 875

(20) 296×508
=

(21) 87 290÷406
=

(23) 5.207×436
=

(24) 327 263÷7.93
=

(26) 814×392
=

(27) 265 335÷285
=

(29) 0.405×1 329
=

(30) 0.485 707÷0.158
=

（正面）

（限时 20 分钟，乘、除算小数题要求保留两位，以下四舍五入）

（一）	（二）	（三）	（四）	（五）	（六）
45 213	4 038	618	304 981	3 810	890
938	726	59 174	526	－426	7 613
7 106	5 417	432	7 148	51 749	－425
869	321	8 693	9 703	305	51 680
4 075	805 293	524 730	452	7 620	479
531	9 014	1 048	98 134	－896	－5 328
698 324	960	569	6 250	921 738	807 931
402	42 658	72 385	702	451	9 643
3 280	839	930	395 627	－5 672	－204
95 167	7 051	9 017	861	90 384	5 718
782	672 480	805 296	7 048	903	527
9 406	3 596	621	4 103	7 261	92 306
4 175	762	8 714	965	－829 054	451
823	89 147	423	78 216	968	－318 642
607 951	315	7 065	539	－4 573	－7 069

（7） 3 958×74=　　　　　　（8） 39×8 415=

（9） 4 729×15=　　　　　　（10） 5 416×97=

（11） 42×9 306=　　　　　　（12） 157×468=

（13） 10 324÷356=　　　　　（14） 69 188÷98=

（15） 33 152÷518=　　　　　（16） 42 771÷807=

（17） 8 385÷43=　　　　　　（18） 45 136÷62=

七、普通六～四级综合练习题（六）

（反面）

（十九）	（二十二）	（二十五）	（二十八）
74 058	704	60 937	708
－936	8 291	416	519 467
2 761	76 489	－2 875	2 351
738 604	5 960	910 487	97 830
－4 129	820 375	－532	204
897	213	8 206	8 596
7 512	6 584	659	235
609	409	63 428	613
230	71 623	750	245 809
－586 973	856	－9 164	761
804	9 734	603	9 830
－4 312	614 352	－871 245	417
73 045	207	6 178	1 065
9 261	5 130	－592	23 678
－718	819	9 031	5 394

(20) 42×2 065
 =

(21) 440.714 3÷52.7
 =

(23) 953×816
 =

(24) 0.471 673÷0.067 1
 =

(26) 16.8×23.75
 =

(27) 80 454÷106
 =

(29) 84.03×71.9
 =

(30) 331 122÷638
 =

七、普通六～四级综合练习题（七）

（正面）

（限时 20 分钟，乘、除算小数题要求保留两位，以下四舍五入）

（一）	（二）	（三）	（四）	（五）	（六）
6 850					
948	67 435	6 215	2 078	43 827	483
7 639	510	837 094	654 189	−605	7 169
543	9 328	903	647	1 459	45 376
270 415	801	41 258	7 803	407 583	−2 658
2 136	6 297	546	914	−3 916	718 042
812	753	6 137	50 236	764	−901
64 270	810 546	945	491	4 291	5 273
501	624	2 098	2 108	−856	386
9 273	5 402	267 183	963	108	94 501
894 602	71 389	8 407	7 012	−270 635	−725
5 718	904	961	598 327	873	6 403
984	6 128	30 572	645	9 041	−539 021
3 697	3 697	840	5 130	40 238	814
10 369	405	5 639	694	−6 159	−8 209
257	829 173	712	82 375	947	976

（7）1 736×52＝

（8）81×6 293＝

（9）2 507×83＝

（10）3 294×75＝

（11）29×7 048＝

（12）539×246＝

（13）32 627÷413＝

（14）44 384÷76＝

（15）47 564÷94＝

（16）8 554÷658＝

（17）10 612÷28＝

（18）30 996÷369＝

七、普通六～四级综合练习题（七）

（反面）

（十九）	（二十二）	（二十五）	（二十八）
8 594	674	763 582	598
21 360	5 928	608	307 465
-713	481 273	2 193	-2 130
596 847	390	97 280	75 819
608	7 021	5 341	942
-4 519	516	916	8 376
837	908	89 075	213
7 102	6 351	524	-601
-302 745	94 865	3 941	-243 897
926	7 540	926 408	560
-9 651	230 697	8 136	7 819
204	213	649	-405
93 578	4 768	9 713	9 063
6 120	805	405	21 658
-483	91 432	320	-3 174

(20) 46×2 935
=

(21) 2 096.253÷503
=

(23) 9.37×50.2
=

(24) 47.901 9÷5.94
=

(26) 20.1×67.59
=

(27) 455 913÷537
=

(29) 2 478×315
=

(30) 55 334÷146
=

七、普通六～四级综合练习题（八）

（正面）

（限时 20 分钟，乘、除算小数题要求保留两位，以下四舍五入）

（一）	（二）	（三）	（四）	（五）	（六）
3 014	503	52 036	59 314	508 139	730 164
925	9 214	419	602	426	−925
316 807	68 907	7 108	485 976	−71 209	6 087
4 295	5 123	469 253	395	543	912
87 069	467	917	7 108	−6 879	−53 407
412	42 819	2 093	3 284	5 012	618
485 769	5 036	475	201	634	−9 243
301	718	608 319	26 089	−7 089	596
6 254	452 903	426	4 153	46 123	−7 108
7 108	637	7 895	697	−507	423
923	9 108	302	420 813	8 219	578 069
4 865	425	4 516	5 769	583 074	3 124
719	617 908	79 081	318	567	65 187
37 024	476	436	6 402	−6 189	−9 023
586	8 253	5 827	785	423	574

（7）1 049×24=

（8）91×5 246=

（9）4 107×53=

（10）5 168×73=

（11）28×1 059=

（12）541×268=

（13）17 172÷18=

（14）17 192÷614=

（15）32 723÷43=

（16）24 076÷52=

（17）15 042÷327=

（18）82 474÷602=

七、普通六～四级综合练习题（八）

（反面）

（十九）	（二十二）	（二十五）	（二十八）
9 607	8 507	81 629	15 709
518	619	705	628
792 436	52 436	−7 346	−3 746
8 015	7 198	502 819	957
43 652	302	738	401 523
879	80 475	−4 659	687
410 325	537	301	−9 103
697	418 096	426 957	−68 245
8 012	623	802	7 019
7 346	9 547	−4 315	523
859	801	869	648 097
4012	257 419	7 012	3 125
735	8 346	−53 746	−974
93 608	302	−902	−8 026
412	9 450	4 138	413

(20) $43.8 \times 1.74 =$

(21) $16.620 \div 6.31 =$

(23) $3\ 079 \times 0.542 =$

(24) $80.278 \div 18.6 =$

(26) $36 \times 4\ 037 =$

(27) $32\ 012 \div 604 =$

(29) $629 \times 7\ 314 =$

(30) $76\ 812 \div 519 =$

七、普通六～四级综合练习题（九）

（正面）

（限时 20 分钟，乘、除小数题要求保留两位，以下四舍五入）

（一）	（二）	（三）	（四）	（五）	（六）
2 903	924	41 925	48 203	497 028	92 053
814	8 103	308	915	315	−814
502 769	57 869	6 089	6 079	−60 198	5 976
3 184	4 012	538 142	284	432	801
76 958	365	607	374 865	−5 768	−42 396
301	31 708	9 182	901	9 401	507
374 658	4 925	364	2 713	523	−8 132
902	607	579 208	91 578	−6 978	485
5 143	341 829	315	3 042	53 012	−6 079
6 079	596	6 748	586	−469	312
812	2 807	912	319 702	7 108	467 958
3 754	314	3 405	4 658	472 963	2 013
608	805 679	68 079	207	456	154 076
62 913	365	325	5 319	−5 078	−9 812
475	7 142	4 716	674	312	463

（7）7 208×19＝

（8）46×5 183＝

（9）4 126×73＝

（10）4 186×27＝

（11）27×1 059＝

（12）639×514＝

（13）16 135÷35＝

（14）14 652÷407＝

（15）9 519÷57＝

（16）21 228÷61＝

（17）11 264÷176＝

（18）80 634÷302＝

七、普通六～四级综合练习题（九）

（反面）

（十九）	（二十二）	（二十五）	（二十八）
8 596	508	7 518	40 698
407	7 469	964	517
681 325	41 325	−6 235	−6 235
9 704	6 087	419 708	847
32 541	912	−627	390 412
768	79 364	3 548	−576
309 214	426	209	8 029
586	703 985	513 846	−57 134
7 109	512	719	6 908
6 235	8 436	−3 204	412
748	907	758	573 986
9 301	641 308	9 016	−2 014
624	7 235	−42 635	863
82 579	912	918	−9 157
301	8 349	−3 027	302

(20) $4.56 \times 70.1 =$

(21) $59.986 \div 16.7 =$

(23) $6\,704 \times 0.823 =$

(24) $13.014 \div 9.52 =$

(26) $49 \times 1\,805 =$

(27) $29\,716 \div 437 =$

(29) $418 \times 3\,702 =$

(30) $89\,232 \div 208 =$

七、普通六～四级综合练合习题（十）

（正面）

（限时 20 分钟，乘、除算小数题要求保留两位，以下四舍五入）

（一）	（二）	（三）	（四）	（五）	（六）
8 419	1 250	213 406	7 685	839	528 940
367	945	9 845	273	73 216	789
46 732	4 097	489	4 036	-2 105	-1 053
250	140	2 701	147	820	468
3 529	903 564	73 654	807 295	5 791	5 132
108	7 638	2 065	6 159	653	-351
367 912	807	139	281	-9 420	2 910
9 028	1 924	8 765	4 958	428 761	40 278
714	768	387	25 146	-109	-3 694
8 549	53 192	2 910	4 061	506 217	560
475	6 573	206	309	783	987 312
1 960	218	19 873	90 621	-3 694	-15 796
823	869 325	465	347	456	864
705 136	73 862	401 589	283 910	7 845	-7 342
64 085	510	327	538	-84 309	607

（7）1 384×26＝   （8）75×8 241＝
（9）3 106×25＝   （10）7 285×49＝
（11）39×2 078＝   （12）256×307＝
（13）48 972÷53＝   （14）70 490÷742＝
（15）52 461÷87＝   （16）6 660÷36＝
（17）6 432÷536＝   （18）75 276÷306＝

七、普通六～四级综合练习题（十）

（反面）

（十九）	（二十二）	（二十五）	（二十八）
528	4 679	47 698	2 901
402 759	702	534	－483
5 381	－1 043	6 827	603 754
245	247 698	279	439
96 473	6 827	3 451	6 325
718	934	180	－17 094
237 689	－1 285	409 865	－9 258
4 876	438	9 047	64 387
560	69 310	570	802
9 341	106	9 051	－1 675
419	－3 259	416	210
3 150	－815	152 630	832 167
907	673 051	31 092	945
61 032	592	329	－8 706
2 680	－58 214	6 531	591

(20) 49.8×3.06
=

(21) 5.039 0÷4.79
=

(23) 74.85×31.6
=

(24) 38.160 5÷8.09
=

(26) 64×5 103
=

(27) 4 305÷287
=

(29) 327×1 095
=

(30) 450 697÷937
=

八、普通三~一级综合练习题（一）

（正面）

（限时 20 分钟，乘、除算小数题精确到 0.01）

（注：加减、乘、除各对 6 题为三级；加减、乘、除各对 8 题为二级；加减、乘、除各对 9 题为一级）

（一）	（二）	（三）	（四）	（五）	（六）
1 243 879	12 590	641 398	604 593.17	31.80	732 146.08
756 042	543 876	30 275	−17.34	7 564.92	8 059.67
80 421 953	9 025	72 198 654	9 208.56	842 970.13	94 571.32
5 786	70 635 148	5 043 986	386 594.71	143.56	342.76
96 130	18 957	6 271	−781.20	36 089.27	−90.15
21 674	3 472 609	3 520	10 435.69	2 471.05	256 714.83
5 043 821	230 875	901 647	−6 897.42	65.89	83.46
7 096	89 461	7 645 328	20.35	50 873.14	−1 920.75
96 415	64 075 213	30 216 754	24 091.78	346.25	405 716.38
24 175 308	9 138 752	59 801	180.62	916 780.43	−308.92
820 963	2 460	824 397	−570 934.81	3 425.09	82 647.51
54 817	8 149	1 608	3 862.45	58 297.16	−5 013.69
67 931 250	790 236	61 748 523	−21 059.73	189.60	29.47
9 038	6 231 845	53 089	736.54	54.72	−69 418.30
3 892 765	89 407 613	4 296 710	28.96	620 978.31	802.59

(7) $3\ 296 \times 4\ 708=$　　　(8) $9\ 305 \times 6\ 147=$

(9) $5\ 481 \times 3\ 679=$　　　(10) $1\ 356 \times 2\ 789=$

(11) $1\ 074 \times 2\ 583=$　　　(12) $780.9 \times 42.15=$

(13) $731\ 493 \div 357=$　　　(14) $598\ 213 \div 1\ 309=$

(15) $3\ 185\ 848 \div 916=$　　　(16) $4\ 691\ 082 \div 7\ 458=$

(17) $379\ 848 \div 238=$　　　(18) $2\ 020\ 224 \div 5\ 261=$

八、普通三～一级综合练习题（一）

（反面）

（十九）	（二十二）	（二十五）	（二十八）
54 927	541 983.76	8 637	18.46
3 016 745	8 024.91	31 295 084	265 401.78
8 329	67.53	687 129	3 197.85
91 850	213 985.67	−5 924 360	−805.13
14 520 637	40.81	4 309 678	56 142.87
143 876	751.93	1 043	74.36
10 952	50 298.74	76 045 981	195 023.67
92 865 403	6 410.39	−82 356	−20 518.94
3 867	972 853.46	391 074	−356.29
6 784 290	642.10	92 568 413	8 041.52
1 456 728	30 276.85	−70 258	269.13
209 314	20.59	6 107	−273 409
73 145 806	4 187.30	−8 124 395	60.97
2 079	62 359.18	95 762	−24 879.30
981 563	746.02	−702 541	637 495.08

(20) $4\,562 \times 30.917$

(21) $666.318\,7 \div 1.32$ =

(23) $80.942 \times 6\,153$

(24) $126.220\,33 \div 80.472$ =

(26) $18.37 \times 2\,504.6$

(27) $189.573\,66 \div 0.689$ =

(29) $36\,417 \times 5\,098$

(30) $208.680\,69 \div 52.406$ =

八、普通三～一级综合练习题（二）

（正面）

（限时 20 分钟，乘、除小数题精确到 0.01）

（一）	（二）	（三）	（四）	（五）	（六）
25 476 098	508 714	914 362	14 325.96	516.08	91 425.63
8 471	97 568	30 857	−573.84	68 379.42	610.28
7 140 529	2 481 397	58 462 971	208 961.75	1 425.30	−93.50
6 037 154	6 405	7 013 629	5 784.10	80.79	408 251.76
592 830	50 872	9 854	−64 309.27	30 856.27	76.18
18 306 497	97 862 143	3 780	−268.01	618.40	5 943.20
9 512	394 051	604 915	74.98	958 273.16	130 258.67
243 678	28 376	5 917 382	381 096.52	6 140.39	−637.94
60 253	56 017 924	30 846 571	52.61	70 892.51	74 812.05
9 837 106	4 013	79 204	9 437.08	574.93	−3 056.89
5 842	1 309 652	281 365	678 091.25	10.24	94.12
24 369	7 981 360	4 902	275.43	843 927.65	−98 467.51
30 659 781	625 489	64 512 783	−53 160.89	65.73	734.09
108 427	34 897 021	73 026	−7 892.14	2 081.94	−264 518.37
93 165	2 635	1 869 540	34.60	714 923.56	7 309.82

(7) 4 307×5 819=   (8) 4 016×2 758=

(9) 6 592×4 708=   (10) 2 467×3 089=

(11) 2 185×3 694=   (12) 8 901×5 326=

(13) 492 804÷468=   (14) 1 363 768÷2 401=

(15) 949 923÷207=   (16) 6 015 438÷8 569=

(17) 909 843÷349=   (18) 3 154 140÷6 372=

八、普通三~一级综合练习题（三）

（反面）

（十九）	（二十二）	（二十五）	（二十八）
4 701 238	5 198.04	7 069	21.08
356 907	39 071.28	8 412 357	4 679.35
92 074.851	−45.76	50 936 741	905 348.12
5 326	867 312.09	28 069	−192.67
860 419	956.34	714 235	−27 805.34
74 530	−20 734.81	1 037 698	5 941.86
5 901 274	−419 865.27	42 853	76.03
3 986	5 027.43	39 615 402	86 042.19
86 035	369.12	8 975	−297.56
70 435 192	50.86	501 236	317 408.92
50 243	79 138.04	47 589	−2 956.83
279 861	−704.18	28 093 641	−50 634.17
63 814 759	93.52	5 714 206	107.38
8 912	8 046.71	389 762	69.45
1 287 365	−5 027.43	1 408	758 340.21

(20) 567.3×410.82 =

(21) 14 966.207÷24.3 =

(23) 91 035×7.246 =

(24) 4.242 476 1÷1.583 9 =

(26) 2 948×31.657 =

(27) 2 738.490 5÷7.09 =

(29) 4 752.8×61.09 =

(30) 259.867 1÷63.571 =

八、普通三～一级综合练习题（三）

（正面）

（限时 20 分钟，乘、除算小数题精确到 0.01）

（一）	（二）	（三）	（四）	（五）	（六）
14 067 583	3 094	12 054	84 750.03	19 854.27	60.43
29 061	41 856 723	3 958 621	617.48	603 721.59	205 346.98
358 704	20 158	405 397	−29.35	46.03	19 872.54
6 298	5 694 207	6 278	3 045.16	287.15	401.86
9 470 512	319 564	90 571 863	709 236.84	4 039.67	−75.32
853 746	8 015	2 649 015	−159.07	78 564.21	3 186.09
1 093	2 863 179	7 384	−2 843.61	38.94	52 041.76
60 748 325	790 486	50 267	15 690.78	9 701.56	−932.85
92 176	73 062 591	183 845	62.43	285 469.07	−187 465.93
4 503 982	86 703	8 047 536	420 978.15	315.82	2 301.67
5 761	9 235 164	29 108	536.72	7 024.36	789.01
78 096 423	3 072	17 368 452	72.59	438 590.27	52.46
147 895	154 289	6 019	−98 613.07	61.58	−9 048.72
65 132	60 781 354	271 986	2 408.31	96 302.41	−65 731.29
2 380 419	29 768	32 504 791	−651 083.92	819.03	903 148.57

(7) $5\ 418 \times 6\ 092 =$

(8) $3\ 578 \times 4\ 091 =$

(9) $7\ 503 \times 4\ 819 =$

(10) $1\ 275 \times 3\ 869 =$

(11) $3\ 296 \times 4\ 705 =$

(12) $9\ 012 \times 6\ 437 =$

(13) $1\ 252\ 956 \div 579 =$

(14) $2\ 384\ 648 \div 3\ 512 =$

(15) $1\ 783\ 662 \div 318 =$

(16) $7\ 810\ 491 \div 9\ 607 =$

(17) $758\ 565 \div 405 =$

(18) $3\ 786\ 398 \div 7\ 483 =$

八、普通三～一级综合练习题(三)

(反面)

(十九)	(二十二)	(二十五)	(二十八)
673 980.12	6 054	3 085.62	2 136 957
54.87	8 321 976	−49.71	−3 421
206.93	50 497 682	608.23	59 328 674
50 798.26	13 054	457 193.08	−70.189
1 475.39	628 197	−64 251.97	164 352
926 803.41	2 096 543	70.35	−60 897 241
146.75	81 379	−954.21	35 087
35 081.24	94 527 801	7 016.89	9 435
65.09	8 467	824 357.16	7 402 168
7 482.35	702 195	10 698.32	68 590
16 309.78	86 734	465.98	−350 824
241.56	13 049 582	−359 721.04	7 915
407 983.21	5 623 107	86.75	41 068 193
8 564.97	984 625	94 062.13	−8 602 193
12.03	1 803	−7 243.08	975 406

(20) $6\,784×52\,193$

(21) $92.384\,477÷0.354$
=

(23) $2\,104.6×35.78$

(24) $1\,018.827\,5÷269.04$
=

(26) $305.9×276.84$

(27) $39\,838.287÷80.1$
=

(29) $58\,639×7.201$

(30) $3\,741.997\,1÷746.28$
=

八、普通三~一级综合练习题（四）

(正面)

(限时20分钟，乘、除算小数题精确到0.01)

（一）	（二）	（三）	（四）	（五）	（六）
1 480 329	39 678	23 405 691	902 158.46	819.02	641 095.83
56 241	70 681 254	361 987	74 621.39	97 203.51	3 209.51
237 896	145 389	7 019	9 085.63	-71.48	89 612.07
78 095 314	2 063	16 278 543	43.57	528 490.36	-73.48
6 752	9 324 175	39 108	689.01	6 025.37	456.73
3 604 981	87 602	8 056 427	3 201.56	-214.83	230 879.14
19 275	62 073 491	182 954	187 564.92	384 579.06	63.25
50 738 416	790 586	40 376	923.84	-9 601.47	-14 680.79
2 094	3 872 169	6 285	43 051.67	28.95	-3 925.61
864 735	8 014	3 759 014	2 187.09	-68 475.31	148.07
9 370 621	219 475	90 461 872	501.87	286.14	5 024.16
5 198	4 795 306	7 368	501.87	286.14	5 024.16
468 703	30 148	504 296	19 863.45	57.02	38.54
19 052	51 847 632	2 968 731	304 257.98	-702 631.49	-617.29
23 057 684	2 095	13 045	70.52	19 845.36	92 740.85

(7) 6 529×1 037=　　　　　　　(8) 2 386×4 097=

(9) 8 614×7 902=　　　　　　　(10) 4 689×1 025=

(11) 4 307×5 816=　　　　　　　(12) 103.2×75.48=

(13) 1 991 200÷608=　　　　　　(14) 3 273 084÷4 623=

(15) 2 874 729÷429=　　　　　　(16) 996 072÷1 078=

(17) 492 360÷165=　　　　　　　(18) 5 302 498÷8 594=

八、普通三～一级综合练习题(四)

（反面）

（十九）	（二十二）	（二十五）	（二十八）
5 309.28	924 763	31.60	93 467
861 742.35	−8 059	5 298.41	402 185
531.09	53 417 206	73 460.29	80 679 524
92 165.74	−809 341	857.13	81 369
91.48	4 176 582	652 094.87	−7 218
3 076.29	−6 521 890	9 135.02	9 235 406
51 248.07	3 265	78.64	−60 873
635.91	98 267 103	324 096.78	813 652
430 872.65	−40 978	51.92	9 748
56.42	413 256	862.04	42 306 195
102 874.56	−41 780 635	61 309.85	−798 230
93.70	92 470	7 521.40	6 035 471
640.82	8 329	802 964.57	−5 410 789
94 187.63	3 046 517	753.21	2 154
	71 985	41 387.96	−37 156 092

(20) $7\,849 \times 63.204 =$

(21) $17\,255.326 \div 46.5 =$

(23) $3\,215.7 \times 46.89 =$

(24) $1\,811.217\,9 \div 370.15 =$

(26) $410.6 \times 387.95 =$

(27) $65.592\,307 \div 0.129 =$

(29) $69\,704 \times 8.312 =$

(30) $52\,546.003 \div 8\,573.9 =$

八、普通三～一级综合练习题（五）

（正面）

（限时 20 分钟，乘、除算小数题精确到 0.01）

（一）	（二）	（三）	（四）	（五）	（六）
29 105 643	4 296 710	3 298 567	208.76	980 652.34	82.69
6 834 217	53 086	9 032	96 142.30	71.58	539.71
590 836	61 748 523	65 934 870	−86.15	429.60	84 076.53
2 419	1 908	71 245	7 043.96	72 865.49	−3 298.17
8 160	824 367	280 963	28 915.74	3 187.06	750 631.24
9 432 578	59 801	81 457 302	−302.68	649 520.13	420.98
61 057 843	30 216 754	96 147	107 549.32	319.87	81 064.52
29 164	7 945 328	5 096	−4 680.57	70 253.41	−80.37
830 257	601 947	7 013 284	23.19	97.26	9 265.18
3 158 609	3 520	84 651	879 541.23	8 154.07	40 137.96
42 975	9 271	961 430	60.47	39 026.85	−524.80
50 637 412	5 043 689	7 526	318.59	413.79	329 761.54
9 087	72 168 954	20 184 973	−61 754.38	218 650.43	−6 802.79
713 256	30 275	576 018	2 076.95	5 791.68	45.31
48 790	941 368	4 813 259	−538 419.02	34.20	−763 901.45

(7) 7 603×2 148=　　　　(8) 3 497×5 108=

(9) 2 579×1 037=　　　　(10) 5 709×1 362=

(11) 5 418×6 927=　　　　(12) 21.34×865.9=

(13) 3 153 534÷719=　　　(14) 4 696 146÷5 734=

(15) 3 929 436÷503=　　　(16) 667 645÷2 189=

(17) 854 220÷276=　　　　(18) 6 992 440÷9 605=

八、普通三～一级综合练习题（五）

（反面）

（十九）	（二十二）	（二十五）	（二十八）
624 793	519.08	508 714	83 197.40
−8 056	98 376.42	−67 598	60.79
53 417 209	1 425.30	2 481 367	8 943.07
−806 341	80.76	−9 405	867.54
4 179 582	30 859.27	50 872	649 273.01
−9 521 860	918.40	68 792 143	1 035.28
3 295	658 273.19	−364 051	426.87
68 297 103	9 140.36	28 379	8 025 173
−40 678	70 862.51	59 017 624	527 084.69
413 259	594.63	4 013	93.46
−41 780 935	10.24	−1 306 952	62 538.19
64 270	843 627.95	7 681 390	102.54
2 386	95.73	925.486	4 579.12
3 049 517	2 081.64	−34 867 021	628 305.91
71 685	714 623.59	2 935	51.36

(20) 89.06×7 431.5
=

(21) 56 571.816÷57.6
=

(23) 43 268×5.709
=

(24) 24 513 459÷4.812 6
=

(26) 2 175×40.869
=

(27) 39 739.929÷203
=

(29) 7 081.5×94.23
=

(30) 700.560 86÷96.804
=

八、普通三～一级综合练习题（六）

（正面）

（限时 20 分钟，乘、除算小数题要求保留两位，以下四舍五入）

（一）	（二）	（三）	（四）	（五）	（六）
64 271 853	6 153	53 164 279	4 264.53	824 163.75	427 175.86
9 012	92 748	64 352 801	9 728.01	19 204.36	−1 042.35
35 467	130 264	7 481 920	537 470.98	7 958.01	68 719.20
802 914	9 287 015	5 693 718	283 614.75	372.46	374 586.91
1 758 396	36 405 879	−742 035	91.20	85.90	−42 035.68
27 360 548	3 152	−190 682	35.46	371 524.68	21 970.34
9 102	68 794	35 467	79 802.13	15 293.04	−5 867.90
36 457	130 246	82 901	47 516.89	6 708.19	340.21
980 213	1 795 802	−36 475	23.04	352.46	−763.89
5 468 920	46 357 918	9 810	579.68	97.80	−5 104.32
67 574 381	9 352	2 364	1 340.25	718 426.35	57.68
9 014	64 781	5 798	697.80	91 032.46	19.03
82 536	240 350	15 264 037	264 135.79	7 958.01	495 872.60
910 723	8 619 702	−2 819 304	218.03	260.95	21.35
6 594 708	54 036 897	−607 985	94 057.68	74.38	497.86

（7） 1 387×2 906=

（8） 8 023×4 156=

（9） 4 092×1 768=

（10） 1 964×2 038=

（11） 815.7×90.42=

（12） 715.3×96.28=

（13） 759 402÷2 058=

（14） 17 580.44÷2 905.7=

（15） 47 448 798÷907=

（16） 510.735 9÷109.68=

（17） 8 162.106÷941.3=

（18） 432.346 7÷61.53=

（反面）

（十九）	（二十二）	（二十五）	（二十八）
16.42	2 531 864	381 625.47	31 584
795.38	719 302	−139.20	6 297
371 604.25	−46 597	46.58	13 052 746
18 930.42	15 308 246	9 710.32	2 819 035
6 857.90	−7 980	−47 508.69	684 970
13.52	1 324	24.13	61 752 843
796.84	95 062 718	685.70	3 910 254
1 042.63	35 461	−1 392.45	6 798
708 293.15	−279 803	26 170.89	13 042
46 185.79	4 705 698	367 485.91	586 179
326.04	1 524	−204.36	42 637 850
79.85	−83.607	58.07	9 102
2 041.36	149 253	−1 942.53	375 486
973 158.02	−6 927 810	62 791.80	91 024
84 906.57	53 804 796	538 470.96	5 739 680

(20) $307.54 \times 629.8 =$

(21) $731\ 077 \div 463 =$

(23) $67\ 421 \times 9\ 358 =$

(24) $462\ 825 \div 425 =$

(26) $253.9 \times 648.71 =$

(27) $8\ 134\ 564 \div 386 =$

(29) $68.05 \times 1\ 247.3 =$

(30) $7\ 087\ 266 \div 782 =$

八、普通三~一级综合练习题（七）

（正面）

（限时 20 分钟，乘、除算小数题要求保留两位，以下四舍五入）

（一）	（二）	（三）	（四）	（五）	（六）
251 364	1 426	81 570 364	2 531.64	16.25	21 475.68
7 829 013	375 819	8 091	74.81	374.94	−290.31
4 586	87 402 365	−257 364	576 980.23	4 201.35	35.46
97 021	9 254 031	93 015	10 243.96	607 182.93	370 819.24
34 059 687	69 708	1 486 279	580.71	48 596.71	−5 968.71
162 354	1 352	−250 364	6 492.35	2 304.65	−6 042.53
70 819	148 697	7 081	70.82	79.81	472 809.16
2 435	57 203 846	−92 435	607 941.35	176 025.34	375.89
6 071 829	92 013	61 738 902	8 129.73	708.92	30.12
36.475	47 586	−4 596 871	35 468.09	35.46	49 586.07
84 903 152	5 913 024	40 253	152.46	83 902.14	−5 142.36
6 079	23 607 819	16 728 094	79.82	5 869.73	708.19
148 263	4 859 607	3 685	705 143.68	104.25	263 749.58
5 079 814	367 498	−739 042	950.14	607 281.93	−40 593.16
28 305 697	1 502	2 681 579	36 827.09	48 960.75	80.72

（7）5 042×1 693=

（8）6 931×4 702=

（9）15 273×4 805=

（10）7 042×1 638=

（11）46.89×502.7=

（12）845.3×924.16=

（13）1 701 194÷583=

（14）843 192÷1 673=

（15）23 702 151÷29 517=

（16）470.092 4÷28.6=

（17）1 044 495÷405=

（18）71 912 237÷943=

（反面）

（十九）	（二十三）	（二十五）	（二十八）
316.24	3 146 285	56 142.37	516 902
58.79	-927 031	-829.01	27 384
45 601.32	48 576	35.46	1 453
7 082.91	93 051 247	701 829.34	69 703 821
3 846.57	6 908	-5 697.08	4 058 697
192 053.46	-418 253	143.25	12 637 485
70 819.23	91 607	607 829.13	9 021
46.57	2 436	-4 596.87	3 748 596
829.01	-2 805 719	20.13	509.243
384 957.62	36 498 507	-49 576.08	61 728 095
5 104.36	-156 243	142.56	34 687
72 819.03	7 280 914	-1 387.09	9 021
475.68	59 316 087	293 476.85	301 354
950 142.36	25 364	40 152.36	8 912 706
70.98	-7 809	90.87	47 685

(20) 60.87×425.9
=

(21) 22 824 228÷602

(23) 1 572×80 369
=

(24) 2 842.14÷471.85

(26) 890.4×51.37

(27) 2 058.31÷503.6

(29) 934.61×679.8
=

(30) 425.415 2÷72.94
=

八、普通三～一级综合练习题（八）

（正面）

（限时 20 分钟，乘、除算小数题要求保留两位，以下四舍五入）

（一）	（二）	（三）	（四）	（五）	（六）
132 465	3 584	48 157 263	3 461.52	37.86	24 615.73
7 081 923	162 709	9 102	73.84	514.29	−809.21
4 657	58 631 427	−394 587	890 126.57	5 031.42	38.42
80 912	9 503 142	80 162	35 491.02	621 790.83	513 690.74
39 074 685	69 708	3 047 596	637.81	48 529.67	−5 706.89
142 536	1 324	−615 243	9 402.56	3 041.56	−1 524.36
70 918	586 971	7 809	79.84	70.24	743 819.02
2 436	78 402 635	−35 142	273 105.68	678 593.12	586.97
5 271 809	93 012	61 072 839	9 031.42	130.94	20.13
36 475	47 586	−4 859 607	51 607.98	59.61	60 479.58
85 903 142	9 051 324	14 253	246.35	75 802.43	−1 624.35
6 704	63 172 809	63 708 192	72.58	6 790.81	718.09
839 125	4 295 768	4 805	967 041.32	253.64	289 364.75
6 927 081	501 394	−207 196	180.93	704 819.23	−15 246.37
501 394	6 078	3 764 859	40 957.68	49 506.87	80.29
30 694 758					

（7）1 639×4 257＝

（8）9 587×3 016＝

（9）2 408×1 396＝

（10）201.3×57.48＝

（11）57 634×9 028＝

（12）4 657×38 029＝

（13）450 676÷307＝

（14）4 579 806÷6 034＝

（15）859 826÷418＝

（16）383.308 3÷47.69＝

（17）70 607 936÷74 168＝

（18）1 715 878÷1 853＝

八、普通三～一级综合练习题（八）

（反面）

（十九）	（二十二）	（二十五）	（二十八）
152.76	1 462 753	15 263.74	415 263
34.98	-839 201	-819.02	70.819
40 513.26	47 586	38.49	2 435
7 180.92	56 912 043	546 270.13	64 270 891
3 746.58	7 814	-5 869.71	3 859 607
904 152.36	-239 065	302.54	18 263 475
71 829.03	70 819	637 819.02	9 036
46.57	2 435	-4 956.87	4 152 798
809.12	-2 697 081	30.12	301 425
304 596.87	90 364 857	-40 586.97	63 728 091
1 325.46	-415 236	142.53	46 758
73 819.02	7 280 913	-6 970.81	9 104
475.86	40 596 738	283 647.95	283 576
980 713.24	65 804	10 492.36	9 071 283
50.67	-1 972	58.07	49 506

(20) 803.29×761.4
=

(21) 1 636.49÷392.05
=

(23) 415.6×93.78
=

(24) 24 242 309÷637
=

(26) 720.8×497.23
=

(27) 10 502.19÷28.5
=

(29) 914.3×20.15
=

(30) 601.117 5÷9.52
=

（正面）

（限时 20 分钟，乘、除算小数题要求保留两位，以下四舍五入）

（一）	（二）	（三）	（四）	（五）	（六）
14 273 685	1 463	6 714 253	1 283.47	57 314.26	47 162.53
5 349 102	905 287	−829 031	59.61	849 023.15	−829.01
607 389	1 723 465	4 657	478 062.35	680.79	35.46
1 425	45 819 203	85 903 124	95 231.04	1 925.43	743 802.91
63 728 091	6 702 819	60 798	607.98	23 607.81	5 096.87
47 586	36 475	−7 125 364	1 523.64	49.56	1 462.53
9 051 234	80 912	46 819 023	79.82	708.21	724 803.91
6 798	30 495 687	−50 798	587 401.63	380 469.57	−598.76
50 162	152 364	1 263	9 143.02	13.26	20.31
384 079	7 182	−480 597	76 508.91	4 958.71	−40 579.68
13 245 608	90 435	1 526 374	246.35	75 062.43	−1 624.35
72 193	6 271 809	81 902	70.89	859 230.14	790.81
4 657	39 458 617	−364 857	148 257.36	6 079.81	293 846.57
39 458 617	504 293	9 023	903.12	253.49	−50 381.42
8 392 014	6 708	47 105 869	70 485.96	60.87	69.07
560 798					

（7）2 746×3 185＝　　　　　　　　（8）1 853×2 694＝

（9）34 975×6 027＝　　　　　　　　（10）9 264×3 058＝

（11）68.01×724.9＝　　　　　　　　（12）607.5×416.83＝

（13）2 080 221÷507＝　　　　　　　（14）2 827 770÷3 895＝

（15）7 398 978÷14 739＝　　　　　（16）3 413.20÷40.8＝

（17）2 620 233÷627＝　　　　　　　（18）54 825 405÷615＝

八、普通三～一级综合练习题（九）

（反面）

（十九）	（二十二）	（二十五）	（二十八）
487 162.52	3 974	162 837.45	192 834
94 031.62	15 286	−901.32	5 637 012
58.97	35 071 642	49 526.87	64 587
403.12	−8 192 053	−6 051.34	9 021
5 860.79	−470 986	72.83	34 087 596
187 253.64	15 263 748	790 146.58	1 725 369
94 031.25	−492 031	54 392.01	839 021
6 907.81	1 957 608	−6 970.82	40 586 179
253.64	−35 042	14.35	25.364
70.89	6 879	697.08	7 981
187 246.35	57 630 124	182 536.47	26 380 475
9 302.14	84 903	−90 413.25	943 102
586.97	1 925 687	697.08	5 406 871
38 041.52	−403 126	−1 263.84	5 768
60.79	5 897	50.79	29 304

(20) $28.09 \times 641.7 =$

(21) $4\ 844\ 928 \div 248 =$

(23) $3\ 794 \times 20\ 598 =$

(24) $983.917 \div 396.07 =$

(26) $106.2 \times 59.73 =$

(27) $7\ 702.13 \div 275.8 =$

(29) $516.83 \times 809.1 =$

(30) $664.006\ 9 \div 94.16 =$

八、普通三～一级综合练习题（十）

（正面）

（限时 20 分钟，乘、除算小数题要求保留两位，以下四舍五入）

（一）	（二）	（三）	（四）	（五）	（六）
152 463	1 682	48 152 637	1 827.36	16.27	306 147.25
7 829 014	394 705	9 041	45.09	384.95	−8 921.36
3 596	18 253 647	−273 586	785 162.43	5 031.42	45.87
78 012	9 304 152	90 213	94 031.52	623 708.19	65 930.21
39 405 768	69 708	4 058 697	697.08	49 586.07	718.09
162 435	1 243	−162 354	1 524.36	1 425.36	−2 536.47
70 819	596 738	7 089	70.81	79.08	584 190.23
2 637	50 614 287	−14 253	485 692.37	182 536.47	−607.98
4 859 021	90 312	60 738 192	9 203.14	920.13	13.42
36 475	47 586	−4 859 607	51 697.08	47.56	59 607.18
12 809 364	9 304 215	14 253	253.64	18 293.04	−2 635.47
5 708	60 718 392	62 708 914	72.83	5 860.79	819.23
941 352	4 859 607	3 675	485 960.17	152.43	485 607.19
6 708 129	182 573	−859 013	129.03	607 281.95	−70 253.64
38 495 076	4 906	2 406 879	56 407.98	76 930.48	80.49

（7）2 074×5 368=

（8）8 609×4 127=

（9）3 519×2 047=

（10）312.4×86.59=

（11）67 458×1 309=

（12）7 568×49 031=

（13）2 013 374÷529=

（14）523 626÷2 658=

（15）2 591 091÷603=

（16）143.613 1÷69.81=

（17）10 148 586÷69 038=

（18）2 488 398÷3 057=

八、普通三~一级综合练习题（十）

（反面）

（十九）	（二十二）	（二十五）	（二十八）
140.53	4 152 637	47 152.63	146 253
68.79	−829 051	−819.02	70 819
15 402.63	37 486	35.46	2 435
7 180.92	90 152 364	748 291.03	62 718 093
3 647.58	7 182	−5 860.79	4 859 607
930 425.16	−694 035	149.53	15 726 384
73 809.21	7 182	637 081.92	9 021
47.56	−90 324	−4 957.68	3 984 576
138.92	5 061 798	40.75	403 152
405 962.78	30 495 867	10 293.68	64 271 809
1 253.64	−162 453	−5 842.73	38 576
97 081.23	−7 280 914	680.19	9 012
495.76	35 961 078	293 475.68	368 475
364 580.12	25 364	−60 142.53	9 504 132
79.08	7 908	70.12	69 708

(20) 941.03×825.7
    =

(21) 565.68÷142.75
    =

(23) 265.7×40.98
    =

(24) 43 189 661÷859
    =

(26) 183.9×543.08
    =

(27) 23 612.7÷40.7
    =

(29) 205.4×31.62
    =

(30) 160.812 2÷4.17
    =

九、珠算能手级单项练习题

加减算(1—1)

限时 10 分钟:(一)~(二十)

（一）	（二）	（三）	（四）	（五）
7 356.92	89 021 653.04	761 589.43	2 469.13	79 801.32
84 271.34	53 241.67	89 753.21	13 578.02	2 136.45
34 056 789.12	7 891.23	53 821 679.04	47 658 901.23	45 786 093.21
3 465 890.71	456 987.01	456 387.19	−5 476 089.41	−6 845 710.93
189 465.02	5 243 876.90	19 638.45	235 760.89	268 457.09
3 124.53	31 542 687.09	7 523.06	1 326.54	−4 632.15
678 912.04	1 243.65	925 834.61	−78 901.25	78 091.23
56 789 390.12	798 012.34	1 356 498.27	34 625 789.01	65 490 782.31
34 567.01	5 678 901.23	97 542 361.08	−8 347 690.52	−764 509.83
2 943 675.80	54 786.90	3 648.70	213 476.89	1 327 645.98
1 234.56	21 436 578.09	37 216.95	−1 304.56	4 852.01
78 092 143.65	1 543.26	9 653 482.71	78 930.21	−67 903.12
78 901.23	789 012.34	27 849 503.16	46 589 721.03	46 571 089.23
456 789.01	5 697 801.23	1 965.34	−8 756 493.10	−9 845 760.31
2 345 697.80	74 685.90	3 726 048.59	206 548.79	264 578.09

加减算（1—2）

（六）	（七）	（八）	（九）	（十）
268 093	2 683	9 870 621	57 368 021	6 428
4 175	371 409	5 342	−5 134 689	907 531
4 175	371 409	5 342	−5 134 689	907 531
10 784	58 017	63 487	35 164	−78 209
29 578 641	52 439 106	631 809	416 578	−79 043 561
5 329 106	63 021	9 346	−9 324	8 452 306
93 475	4 782 965	14 890 637	4 786 209	−14 925
4 203	5 896	21 503	27 098	8 763
36 578 142	47 092 538	6 345 091	−23 701 549	17 654 802
4 831 579	1 478 605	462 578	590 321	4 876 359
254 368	314 972	40 576 382	7 608	−309 217
5 794	2 139	24 516	−89 035	3 692
46 127 809	23 781 406	7 045	90 241 578	39 245 081
572 093	592 183	751 234	−5 906 783	−810 674
35 126	87 564	91 603 542	127 896	1 249 085
8 067 912	4 315 679	5 769 321	5 639	−54 896 703
30 867	80 725	6 817	−21 946 503	67 321
90 681 235	89 014 563	758 091	21 476	4 756
9 046	3 701	74 802	6 874 312	469 031
890 125	490 627	7 280 354	405 123	−2 816 372
1 368 407	6 309 845	81 457 902	−4 708	98 054

加减算(1—3)

(十一)	(十二)	(十三)	(十四)	(十五)
2 490.17	581 736.02	9 315.07	75 380.92	1 952 846.37
31 568.29	4 907.15	214 806.35	47 901 258.36	59 284 013.76
7 129 405.83	15 790 243.86	68 279.14	−6 973.05	−152 689.03
3 218.67	49 638.27	4 932.58	261 835.49	6 902.75
54 329.06	3 012 457.69	70 659 214.83	−6 127 058.34	59 873.04
879 260.15	8 094.34	1 847.09	41 702 695.83	25 794 608.31
80 416 357.92	206 581.74	21 768 530.94	1 479.62	−961 074.83
659 274.81	47 021 365.89	243 786.51	−375 216.84	6 809.51
18 305.94	9 802.65	9 082 531.64	9 804 731.56	−8 135 620.74
6 497 051.32	6 230 791.54	59 604.73	17 058.32	52 794.16
30 768 924.51	81 437.26	42 375 189.06	56 490 273.81	−305 829.41
9 753.02	598 024.37	8 720 463.59	−8 402.93	15 924 376.08
94 610 238.75	39 607 415.82	183 907.26	604 791.52	−47 210.83
1 972 865.43	51 984.34	72 610.95	−9 461 085.73	7 463 902.46
640 978.31	8 973 516.02	2 046 378.51	24 106.89	2 385.17

加减算（1—4）

（十六）	（十七）	（十八）	（十九）	（二十）
43 609	9 076	87 245 601	24 687	2 578
5 290 871	432 815	9 782	−1 826	321 659
175 692	70 532	765 193	39 275 104	−40 136
3 084	89 614 705	16 240	83 421	−47 986 021
16 375	3 281 946	5 479 368	5 768	6 870 215
24 093 568	97 253	96 834 102	−7 068 953	91 023
2 901 734	4 168	57 823	40 532 198	4 807
586 409	21 658 904	63 204 951	798 456	10 357 648
46 907 152	9 130 742	1 578	81 325 709	9 023 467
8 234	806 531	7 982 603	−192 357	−198 530
361 709	7 204	630 549	3 248 169	−5 712
2 854 631	37 046 985	8 201	−1 053	25 461 893
45 728 906	315 678	12 974	67 109	−907 384
1 897 352	92 304	6 784 503	−432 620	15 678
8 904	8 576 012	302 149	56 904 173	8 694 532
30 175	80 743	98 764 503	−2 046 598	20 469
14 623 598	12 569 380	5 678 901	7 403	37 914 586
70 624	4 756	5 432	120 986	−3 095
829 516	765 214	387 561	−54 329	896 742
3 701	9 032 475	−12 904	7 069 845	−1 754 320

九、珠算能手级单项练习题

加减算 (2—1)

限时 10 分钟：(一)～(二十)

(一)	(二)	(三)	(四)	(五)
206 593.87	50 728 964.13	39 246 781.05	28 135.67	4 058.37
1 420.96	7 048.96	814 652.70	703 541.96	30 268 974.15
35 702 948.61	210 563.78	2 075.31	−1 964.02	−185 692.07
26 870.15	4 579 316.82	69 748.23	50 896 347.21	291 486.53
4 319 627.80	61 492.35	4 581 937.06	3 478 026.95	3 267.08
8 054.32	89 306 547.21	904 762.31	−893 650.21	57 918 024.36
65 293 871.04	5 891.02	6 901.85	5 897.04	24 371.69
416 509.37	36 719.40	29 163 084.57	18 052 973.46	−1 058 932.76
87 136.59	1 598 274.03	39 152.48	−28 041.37	894 701.65
6 415.07	483 690.25	8 750 463.92	−7 649 352.81	−12 567.48
35 708 649.21	76 159 328.04	41 590.73	30 489.62	8 543 920.71
2 671 803.94	20 841.57	73 689 245.01	62 578 134.09	−69 103.54
189 425.73	5 701 926.38	590 421.68	−489 310.57	75 320 694.18
25 893.47	6 503.47	7 862.43	6 751.32	−3 952 016.47
5 690 284.31	328 467.91	1 062 937.85	9 051 826.74	4 890.23

九、珠算能手级单项练习题

加减算（2—2）

（六）	（七）	（八）	（九）	（十）
392 687	70 546	7 842	4 271 956	26 376 148
8 953	38 214 965	281 576	−963 745	895 436
74 326 015	4 501 236	2 046 987	5 417	2 645
3 157 698	6 803	50 371	−97 108 236	−81 924
10 482	964 057	63 215 904	−53 802	2 379 215
50 472 319	2 796 104	431 526	2 745 021	907 852
524 637	67 213 459	94 163 208	−980 173	−4 973
6 193	7 908	5 087	81 472 596	−80 743 261
7 913 065	968 713	6 802 954	9 468	−80 975
52 701	9 834	35 694 609	−35 610	4 935 028
46 705 129	40 183 592	209 168	6 058 123	45 260 813
810 792	10 689	7 253	−245 309	−31 068
8 409 125	2 835 017	7 398 014	80 194 263	853 906
8 364	523 874	59 706	3 408	−2 019 647
60 187	7 532	41 693 258	34 167	8 014
52 704 369	49 165 267	5 012 734	9 085 243	4 123 976
249 68	96 302	831 579	−8 197	407 615
6 123 845	7 421 058	73 842	67 982	−53 127
7 084	60 123	9 673	82 036 715	39 517 608
84 952	718 459	41 096	497 506	6 975

九、珠算能手级单项练习题

加减算（2—3）

（十一）	（十二）	（十三）	（十四）	（十五）
841 235.07	752 109.43	5 402.39	8 615 092.37	8 137 405.92
56 928 041.73	6 427.19	93 542 876.01	−5 967 841.23	−958 261.47
50 827.96	8 071 543.26	210 985.74	4 712.39	6 507 812.39
8 657 243.19	30 812 675.94	6 742 593.18	92 650.13	58 623 490.71
9 762.45	4 136.85	987 615.02	62 904 381.57	−95 341.68
74 162 390.58	705 862.43	3 796.80	6 035.84	4 739.82
6 041 728.35	67 018.94	79 241 083.65	−78 624.09	30 952 187.46
5 103.42	4 816 759.03	4 925 761.38	9 216 843.70	6 490.72
94 318.02	73 964.25	60 389.14	−723 064.15	−760 531.24
423 607.91	56 701 349.82	5 081 923.76	28 490 175.36	52 806.39
9 046.83	8 205.39	72 463 518.09	9 423.58	−8 145 063.72
7 905 481.36	8 041 793.26	84 160.73	13 580.47	68 150.94
580 219.67	503 298.61	6 491.52	−907 258.16	−794 803.51
24 016 753.89	59 061 382.47	405 629.37	76 239 410.85	57 423 681.09
79 561.38	95 271.08	84 370.25	−548 079.61	6 012.73

加减算（2—4）

(十六)	(十七)	(十八)	(十九)	(二十)
94 185 307	9 146 708	54 296 381	39 417 506	908 124
67 189	90 316	3 058 916	8 695 072	−93 257
5 218 764	58 632 149	7 469	24 806 719	28 540 671
356 428	3 017	64 102	−8 320 576	7 906 183
5 146	41 203	917 635	153 268	35 871 902
90 732	517 096	2 083	95 012 743	−9 436 187
7 849 605	9 152 603	724 319	−3 648 179	642 379
50 613 927	8 159	68 501 237	4 028	−93 206 854
804 253	78 536 094	7 435 102	−92 504	4 157 208
2 436	4 957 218	81 379 653	4 265	1 539
71 524	5 042	7 284	20 916 837	−63 015
910 867	803 275	56 072	−3 478	5 376
35 126 048	83 159 624	45 381 729	71 593	12 037 948
4 291 836	5 482 706	409 687	−560 914	−4 589
6 179	71 243	58 309	4 295 386	82 604
89 203	308 674	6 917 058	−76 503	−671 025
508 937	57 369 148	54 103	8 175	5 306 497
41 976 805	90 623	5 329	912 034	−82 641
7 302 514	8 769	620 418	−81 426	9 186
9 032	582 047	7 964 802	798 301	203 415

九、珠算能手级单项练习题

加减算 (3—1)

限时 10 分钟：(一)～(二十)

(一)	(二)	(三)	(四)	(五)
912 485.76	2 469 537.18	48 167.92	9 560 278.14	4 389 560.18
7 824.61	51 742.03	8 369 701.54	7 021.36	63 401 278.95
6 475 138.61	43 985 271.60	50 241 396.87	86 912.53	−73 129.46
368 790.45	6 803.17	62 948.15	−358 760.49	2 517.60
20 849 516.37	6 289 570.41	4 729.03	82 945 017.63	80 197 365.24
53 740.16	318 067.94	813 072.45	−4 623 758.93	4 208.75
926 031.85	73 462 908.15	62 158.30	246 071.58	−813 930.52
34 078 629.51	37 059.68	3 280.17	2 507.91	60 384.17
83 905.74	590 387.21	72 130 645.98	−17 345 929.10	−6 928 431.05
6 435 021.97	4 295.07	809 756.32	810 452.93	46 928.72
7 540.23	8 653 910.42	4 536 021.97	−70 438.91	−572 681.39
52 940 178.36	61 089 453.27	765 493.08	40 782 169.35	35 201 469.78
4 829 506.13	2 914.63	7 154.86	4 816.23	8 940.15
3 980.12	538 640.12	57 029 861.43	−56 402.78	6 915 283.07
72 196.08	45 896.27	2 730 549.16	7 094 621.85	−736 049.25

九、珠算能手级单项练习题

加减算（3—2）

（六）	（七）	（八）	（九）	（十）
598 614	86 312	789 321	524 031	358 172
1 743	7 208 134	1 862	−40 573	71 968
3 217 605	41 726	68 397 245	6 791 405	−3 504
890 327	5 092	870 521	75 490 832	3 279 051
1 954	53 928 617	2 106	2 786	28 610 497
45 806	780 143	2 698 037	−1 209 465	4 362
3 275	193 408	20 496	3 897	−3 085 241
71 064 912	26 540 387	167 583	4 560 371	438 906
56 798	5 149	90 467	−152 986	−42 073
48 652	86 095	4 015 932	86 025 734	−95 783 204
7 041 936	951 826	78 620 354	−419 682	−19 567
78 123	9 507	48 935	−38 962 401	1 645 986
20 389 546	8 637 412	1 379 058	6 053	1 825
792 301	2 740 968	135 904	−104 785	492 617
58 260 147	3 062 875	6 749	389 156	37 209 568
635 204	26 157	26 945 107	−7 918 425	−87 659
3 985	46 351 789	30 618	3 908	6 804
2 148 309	547 903	65 214 873	76 132	2 531 487
5 029 876	69 430 125	43 702	1 957	−350 961
98 790 413	9 034	1 895	32 047 869	20 179 436

九、珠算能手级单项练习题

加减算（3—3）

（十一）	（十二）	（十三）	（十四）	（十五）
6 983 510.74	8 793.04	745 198.23	6 042.73	150 296.57
709 341.82	5 084 172.96	8 352.09	87 123 965.40	43 508.21
69 157 482.03	625 938.14	49 061 783.25	−4 961 530.87	3 624 897.02
6 190.25	3 278 459.06	86 571.30	347 195.02	−9 102.87
75 802.14	25 390 167.84	2 574 609.13	−20 768.49	97 314 528.06
743 658.21	62 718.35	5 168.47	68 057 324.91	68 937.45
43 906 187.52	4 160.59	620 791.84	3 812.54	−4 196 025.37
512 746.83	80 679 254.13	57 234.96	−945 607.12	8 137.40
5 389 260.47	3 190.64	68 742 953.01	79 015.38	−249 516.38
6 234 518.90	702 839.41	86 407.13	−6 291 387.04	86 457 321.09
9 104.68	69 273.05	6 098 142.35	4 625.38	4 617.85
63 927.80	5 817 320.94	2 094.58	93 508 147.26	−5 917 206.43
93 671 058.24	35 817.62	3 168 709.25	387 621.95	29 637.05
3 705.82	641 570.28	73 019 862.54	−58 197.06	90 514 863.27
54 391.67	42 190 358.67	397 406.12	5 249 013.68	−645 098.13

九、珠算能手级单项练习题

加减算（3—4）

（十六）	（十七）	（十八）	（十九）	（二十）
8 037 149	2 079 614	42 159 603	5 062	2 073 164
6 397	4 957	563 978	43 805	−54 318
65 314 278	67 081	5 746	31 269 057	6 953
2 735 096	836 175	7 956 483	827 546	790 812
8 302	63 154 829	30 279 148	−36 178	−62 904
681 053	9 325 610	8 915	−4 795 683	−27 195 348
37 916 402	8 107	75 486 023	23 918	756 189
2 063 549	72 963 518	2 486	7 103	6 473 058
59 103	45 967	39 701	−480 269	42 068 597
816 452	3 089 542	250 168	5 724 086	−8 610 354
53 147 926	413 206	3 827 051	70 436 129	304 196
84 701	7 429	41 906	8 361 794	90 783 512
6 547	85 013	64 350 792	−5 427	2 146 957
360 825	5 672 839	7 432 189	40 289	8 206
7 924 586	83 497 105	528 497	579 413	−30 782
78 194	826 310	86 215	−8 106	2 043
36 410 927	2 104	3 102	−205 918	28 794 605
8 159	59 038	8 192 640	46 390 850	−5 126
29 018	798 645	30 497	5 213 908	−438 719
395 874	39 104 826	713 506	−69 152 743	81 953

九、珠算能手级单项练习题

乘算

(限时 5 分钟,小数题要求保留四位小数,以下四舍五入)

(1)	9 814 × 2 035 =	
(2)	7 035 × 4 689 =	
(3)	2 476 × 3 809 =	
(4)	3 095 × 4 187 =	
(5)	9 617 × 82 514 =	
(6)	4 569 × 20 137 =	
(7)	7 084 × 51 293 =	
(8)	28 195 × 4 607 =	
(9)	57 236 × 8 094 =	
(10)	68 902 × 1 375 =	
(11)	37 269 × 20 548 =	
(12)	46 598 × 31 706 =	
(13)	280.3 × 45.698 7 =	
(14)	0.708 3 × 91 245.6 =	
(15)	59.370 4 × 627.8 =	
(16)	26 195.8 × 0.409 7 =	
(17)	4 780.3 × 26.147 8 =	
(18)	9.352 6 × 58 274.1 =	
(19)	18 540.7 × 6.902 3 =	
(20)	79.268 4 × 5 106.2 =	

(限时 5 分钟,小数题要求保留四位小数,以下四舍五入)

(1)	1 024 × 5 839 =	
(2)	4 856 × 3 217 =	
(3)	2 904 × 6 158 =	
(4)	7 519 × 8 206 =	
(5)	3 406 × 47 195 =	
(6)	57 218 × 9 603 =	
(7)	4 106 × 53 297 =	
(8)	30 719 × 2 586 =	
(9)	8 456 × 7 109 =	
(10)	16 927 × 2 845 =	
(11)	57 948 × 16 023 =	
(12)	43 615 × 42 978 =	
(13)	817.2 × 73.596 4 =	
(14)	47.516 8 × 320.9 =	
(15)	518.9 × 20.467 3 =	
(16)	93.740 6 × 175.2 =	
(17)	2 716.9 × 38.469 7 =	
(18)	62.354 9 × 1 078.2 =	
(19)	5 071.4 × 95.386 2 =	
(20)	39.825 6 × 4 170.9 =	

九、珠算能手级单项练习题

乘算

(限时 5 分钟,小数题要求保留四位小数,以下四舍五入)

(1)	8 437 × 9 205 =	8 201 × 6 359 =
(2)	2 106 × 4 837 =	5 497 × 3 128 =
(3)	7 384 × 2 105 =	2 019 × 4 637 =
(4)	9 201 × 7 364 =	4 075 × 9 218 =
(5)	4 865 × 31 027 =	1 459 × 30 762 =
(6)	67 139 × 5 428 =	58 294 × 1 307 =
(7)	3 028 × 14 057 =	4 916 × 32 084 =
(8)	18 654 × 3 072 =	50 374 × 6 928 =
(9)	9 203 × 74 185 =	8 195 × 73 046 =
(10)	21 987 × 3 604 =	24 038 × 5 179 =
(11)	54 036 × 72 819 =	16 729 × 38 045 =
(12)	17 809 × 23 546 =	24 586 × 13 907 =
(13)	834.6 × 50.792 1 =	710.9 × 68.245 3 =
(14)	51.870 4 × 326.8 =	28.493 6 × 510.7 =
(15)	638.9 × 27.104 5 =	405.1 × 32.798 6 =
(16)	48.915 7 × 206.3 =	64.290 8 × 715.3 =
(17)	2 803.6 × 41.957 8 =	4 380.1 × 52.684 7 =
(18)	57.406 1 × 3 987.2 =	29.570 8 × 4 168.9 =
(19)	4 085.9 × 57.362 1 =	3 085.1 × 27.634 8 =
(20)	32.195 6 × 4 805.7 =	48.953 6 × 3 105.7 =

九、珠算能手级单项练习题

乘　算

（限时 5 分钟，小数题要求保留四位小数，以下四舍五入）

(1)	9 348	× 5 716 =
(2)	2 035	× 4 978 =
(3)	5 817	× 2 094 =
(4)	3 296	× 4 807 =
(5)	7 829	× 56 413 =
(6)	35 107	× 4 286 =
(7)	8 436	× 59 207 =
(8)	16 358	× 2 479 =
(9)	7 284	× 19 305 =
(10)	59 416	× 7 328 =
(11)	92 857	× 61 403 =
(12)	67 014	× 58 392 =
(13)	486.9	× 16.320 5 =
(14)	62.715 8	× 304.9 =
(15)	507.3	× 24.198 6 =
(16)	25.310 9	× 468.7 =
(17)	4 876.3	× 15.023 9 =
(18)	93.120 6	× 5 487.2 =
(19)	8 495.3	× 63.102 5 =
(20)	32.018 9	× 4 256.7 =

（限时 5 分钟，小数题要求保留四位小数，以下四舍五入）

(1)	6 284	× 7 159 =
(2)	5 701	× 4 328 =
(3)	9 285	× 7 036 =
(4)	3 847	× 2 905 =
(5)	6 279	× 94 138 =
(6)	21 379	× 8 465 =
(7)	5 028	× 16 749 =
(8)	42 109	× 3 857 =
(9)	5 846	× 92 038 =
(10)	30 495	× 2 867 =
(11)	85 239	× 74 106 =
(12)	17 695	× 32 048 =
(13)	927.8	× 54.106 3 =
(14)	61.093 5	× 428.7 =
(15)	375.6	× 14.820 9 =
(16)	3 409.5	× 42.186 7 =
(17)	59.104 6	× 8 376.2 =
(18)	47.261 8	× 905.3 =
(19)	2 075.9	× 16.839 4 =
(20)	18.247 6	× 5 092.3 =

九、珠算能手级单项练习题

除 算

(限时 5 分钟,小数题要求保留四位小数,以下四舍五入)

(1)	12 153 504	÷ 8 976 =
(2)	5 159 698	÷ 3 491 =
(3)	37 108 992	÷ 5 064 =
(4)	15 754 568	÷ 4 072 =
(5)	623 366 537	÷ 9 857 =
(6)	89 936 686	÷ 6 398 =
(7)	380 260 074	÷ 5 487 =
(8)	92 698 452	÷ 4 396 =
(9)	228 655 674	÷ 32 754 =
(10)	69 987 234	÷ 17 863 =
(11)	176 345 675	÷ 28 475 =
(12)	221 285 813	÷ 76 543 =
(13)	3 453.171 8	÷ 432.56 =
(14)	7 083.955 6	÷ 2 073.4 =
(15)	14.102 227	÷ 0.578 9 =
(16)	2.533 223 1	÷ 0.047 6 =
(17)	1 140.602 74	÷ 19.86 =
(18)	8.436 079 3	÷ 57.431 8 =
(19)	165.980 012	÷ 6 984.75 =
(20)	221.647 53	÷ 7 649.23 =

(限时 5 分钟,小数题要求保留四位小数,以下四舍五入)

(1)	5 692 134	÷ 3 057 =
(2)	12 986 258	÷ 5 461 =
(3)	9 147 075	÷ 2 489 =
(4)	66 321 213	÷ 6 753 =
(5)	102 071 310	÷ 1 034 =
(6)	81 069 534	÷ 7 826 =
(7)	334 251 484	÷ 4 039 =
(8)	57 643 400	÷ 3 928 =
(9)	149 037 539	÷ 48 721 =
(10)	380 049 280	÷ 45 679 =
(11)	94 913 642	÷ 21 586 =
(12)	402 177 546	÷ 42 038 =
(13)	6 403.414 3	÷ 806.12 =
(14)	84 191.149 2	÷ 9 630.1 =
(15)	16.400 363 7	÷ 0.830 6 =
(16)	2.075 129 04	÷ 0.098 5 =
(17)	3 083.961 8	÷ 70.86 =
(18)	9.593 196 7	÷ 12.850 9 =
(19)	128.765 053	÷ 2 751.39 =
(20)	424.154 852	÷ 5 430.92 =

九、珠算能手级单项练习题

除 算

(限时 5 分钟,小数题要求保留四位小数,以下四舍五入)

(1)	23 334 122	÷ 7 138 =
(2)	10 860 588	÷ 4 086 =
(3)	20 697 428	÷ 3 917 =
(4)	17 749 626	÷ 4 638 =
(5)	138 820 206	÷ 2 157 =
(6)	417 558 345	÷ 8 493 =
(7)	58 561 056	÷ 3 672 =
(8)	149 014 656	÷ 1 904 =
(9)	253 422 072	÷ 47 052 =
(10)	99 356 026	÷ 28 567 =
(11)	63 907 524	÷ 32 706 =
(12)	345 969 914	÷ 46 589 =
(13)	14.872 371	÷ 9.970 3 =
(14)	2 104.933	÷ 769.51 =
(15)	10.162 601	÷ 0.428 9 =
(16)	28.836 683	÷ 0.716 3 =
(17)	2.415 206 6	÷ 0.082 4 =
(18)	2.443 181 3	÷ 64.815 7 =
(19)	2 631.778 6	÷ 3 609.28 =
(20)	2.523 206 4	÷ 72.601 9 =

(限时 5 分钟,小数题要求保留四位小数,以下四舍五入)

(1)	63 825 872	÷ 8 492 =
(2)	49 478 686	÷ 5 734 =
(3)	60 325 888	÷ 8 192 =
(4)	24 335 786	÷ 5 674 =
(5)	656 378 262	÷ 9 342 =
(6)	75 573 408	÷ 5 608 =
(7)	56 984 391	÷ 1 479 =
(8)	487 665 330	÷ 5 826 =
(9)	162 824 038	÷ 30 914 =
(10)	320 232 165	÷ 73 029 =
(11)	77 682 156	÷ 52 917 =
(12)	190 668 525	÷ 61 725 =
(13)	963.645 72	÷ 386.54 =
(14)	7.507 454 2	÷ 2.087 3 =
(15)	52.340 001	÷ 0.829 4 =
(16)	24.304 79	÷ 0.530 6 =
(17)	6.299 566 5	÷ 0.069 8 =
(18)	2 681.881 2	÷ 40 739.5 =
(19)	6 334.138 2	÷ 8 517.29 =
(20)	5.476 952 8	÷ 93.240 6 =

九、珠算能手级单项练习题

算 除

（限时5分钟，小数题要求保留四位小数，以下四舍五入）

(1)	28 425 102 ÷	4 218 =
(2)	30 925 710 ÷	3 765 =
(3)	14 288 158 ÷	9 026 =
(4)	14 135 940 ÷	4 315 =
(5)	585 303 388 ÷	7 204 =
(6)	59 709 840 ÷	1 865 =
(7)	87 393 090 ÷	2 904 =
(8)	591 972 505 ÷	6 385 =
(9)	431 195 954 ÷	80 417 =
(10)	168 394 856 ÷	35 692 =
(11)	58 933 350 ÷	14 826 =
(12)	95 969 676 ÷	70 359 =
(13)	2 154.432 6 ÷	428.16 =
(14)	9.230 139 7 ÷	3.750 9 =
(15)	62.543 005 ÷	0.846 2 =
(16)	43.088 32 ÷	0.703 5 =
(17)	1.878 210 3 ÷	0.047 6 =
(18)	1 678.474 3 ÷	56 381.4 =
(19)	6 650.480 8 ÷	7 129.36 =
(20)	1.811 265 2 ÷	48.095 2 =

（限时5分钟，小数题要求保留四位小数，以下四舍五入）

(1)	33 832 786 ÷	6 539 =
(2)	30 077 600 ÷	9 184 =
(3)	12 098 554 ÷	2 578 =
(4)	43 618 374 ÷	6 043 =
(5)	327 093 224 ÷	7 256 =
(6)	35 127 532 ÷	1 348 =
(7)	75 480 262 ÷	5 863 =
(8)	170 687 728 ÷	3 704 =
(9)	216 660 444 ÷	41 379 =
(10)	316 936 703 ÷	50 783 =
(11)	68 522 556 ÷	19 428 =
(12)	80 790 284 ÷	40 762 =
(13)	572.544 24 ÷	854.23 =
(14)	9.014 597 7 ÷	6.037 1 =
(15)	13.771 148 ÷	0.436 2 =
(16)	37.137 866 ÷	0.908 1 =
(17)	2.217 260 8 ÷	0.057 9 =
(18)	1 442.703 8 ÷	24 960.3 =
(19)	2 284.293 2 ÷	3 520.96 =
(20)	6.211 744 9 ÷	72.036 1 =

十、全国珠算比赛练习题

加减算（1—1）

（限时 10 分钟）

（一）	（二）	（三）	（四）	（五）
4 035.71	495 673.28	25 904.37	89 157 623.04	7 481.29
28 761.95	46 305.92	28 354 760.19	8 304.57	8 752 639.01
31 972 586.04	9 105 247.86	3 259.68	-295 830.61	-304 526.78
9 281 305.67	3 704.58	470 594.16	57 926.48	45 978 603.12
842 157.93	27 653 108.49	4 285 637.09	-8 741 305.69	74 809.25
6 705.18	95 263.78	65 312 490.87	84 619 270.53	8 493 250.67
839 627.05	469 502.13	7 046.52	5 304.67	26 741.09
82 954 273.61	32 648 710.59	208 375.64	-78 563.92	-31 287 905.64
25 089.46	4 503.82	2 148 907.35	7 850 216.39	4 853.92
7 915 306.28	4 918 753.06	59 683.27	-127 405.68	508 476.23
4 580.72	845 627.91	68 045 932.71	72 864 315.92	-4 053 629.87
50 846 927.31	5 908 274.13	6 259.83	-85 937.64	27 380 614.59
75 462.89	18 629 054.37	4 065 387.92	9 205.87	-5 498.27
251 729.38	4 296.75	15 046.87	297 846.35	648 527.13
7 314 285.06	39 407.28	542 678.09	1 563 280.74	-96 708.42

十、全国珠算比赛练习题

加减算（1—2）

（六）	（七）	（八）	（九）	（十）
76 345	214 657	1 360 854	45 097 638	96 142 785
72 301 584	8 742	258 361	−609 475	−369 052
3 920 651	36 152 409	4 603	3 756	1 395 748
7 592	4 620 857	68 079 215	−25 093	−9 425
389 465	37 091	24 719	4 398 201	34 508
1 582 903	49 316 802	4 138 590	326 180	−27 130 849
65 201 834	134 256	170 862	−8 514	634 178
59 320	2 580	61 703 458	14 805 936	2 413
706 483	8 620 945	8 537	81 609	7 365 024
8 567	14 609	42 095	−4 576 193	−90 835
578 206	53 496 180	9 574 021	75 361 942	10 849 573
7 382	907 618	129 348	34 297	54 068
39 702 413	3 798 104	79 083 152	−173 964	−942 507
80 597	2 743	9 237	2 301 785	3 856 712
2 719 604	59 067	23 065	−9 251	−9 705
142 368	15 638 209	8 749 123	6 238 750	69 120 379
6 241	381 795	17 952 604	851 672	−1 839 062
83 405 617	7 023 054	8 076	−60 726 915	9 217
85 197	9 763	65 871	34 856	27 198
3 604 789	37 428	649 583	7 068	586 701

十、全国珠算比赛练习题

加减算（1—3）

（十一）	（十二）	（十三）	（十四）	（十五）
51 234.06	6 231.95	752 041.86	5 901 362.87	32 178 640.59
52 169 048.73	39 485 120.67	19 403.27	−65 423.09	−594 763.08
9 013 784.62	6 792 058.43	9 486 215.73	517 920.38	68 157.30
4 358.97	498 106.32	7 691.08	2 830.71	6 748 906.13
406 123.59	37 961.58	59 862 034.17	98 321 674.05	9 850.74
9 706.31	75 649 312.80	34 578.26	−2 954 108.76	−638 215.49
45 690 271.83	4 013.72	5 308 419.76	47 879.23	34 096 571.28
943 820.16	569 438.17	3 970.62	94 306 215.87	9 217.54
73 402.81	27 904.86	950 831.72	−984 721.05	−32 706.81
5 612 859.04	3 672 860.51	85 346 210.57	1 653.82	7 193 680.42
3 278.69	7 241.35	4 609.85	14 297 306.58	8 253.17
98 021 653.74	28 974 635.01	2 608 154.73	−503 429.86	83 621 745.09
6 058 394.27	510 672.48	81 562.94	92 501.47	−208 574.36
67 485.91	95 681.74	78 309 516.42	5 610 732.94	1 579 460.93
375 021.48	7 209 318.46	978 435.20	−7 648.29	−64 280.57

十、全国珠算比赛练习题

加减算（1—4）

（十六）	（十七）	（十八）	（十九）	（二十）
170 836	68 123	9 017 435	674 235	6 214 807
9 356	7 802 143	8 304	−26 954	−873 496
8 493 572	41 267	80 951 746	8 193 267	5 036
201 945	5 902	209 374	21 967 045	40 967 230
3 716	53 298 176	8 423	−9 408	−280 914
60 782	870 431	4 295 180	3 421 786	9 261
4 598	901 843	68 412	5 091	−8 492 653
97 826 143	26 453 708	839 507	7 682 539	7 839 164
38 019	5 194	21 986	−374 108	39 514 082
87 604	68 950	6 273 145	80 942 596	−7 259
2 963 751	951 268	50 842 967	−361 408	92 861 057
50 943	7 905	10 675	51 083 642	−3 647
42 105 876	8 673 124	3 951 027	9 285	785 103
914 523	2 407 986	753 621	−326 907	−70 485
70 498 632	62 751	8 916	901 538	591 748
852 647	46 531 879	48 761 923	1 390 674	34 216
5 107	309 754	526 308	5 102	−63 850 421
3 460 125	3 094	87 634 095	−89 435	79 605
7 214 089	64 903 521	56 294	3 971	5 082 937
60 912 853	6 032 785	1 307	−42 509 168	31 295

十、全国珠算比赛练习题

加减算(1—5)

(限时 10 分钟)

(二十一)	(二十二)	(二十三)	(二十四)	(二十五)
9 071.63	58 017.34	598 061.34	3 615 890.42	69 750 148.23
15 968.27	39 147 508.26	86 159.74	7 925.48	7 504.38
64 946 750.82	2 495.85	3 158 274.09	−103 726.45	−109 634.82
7 928 143.67	761 029.38	2 607.32	98 045 721.63	−7 803 415.96
940 368.51	3 179 245.06	45 678 190.82	89 302.76	92 567.31
5 806.13	82 650 314.98	79 245.13	9 234 587.01	61 930 427.85
907 823.12	4 076.35	508 916.43	62 091.74	4 306.52
73 502 691.84	718 250.46	12 753 490.68	−10 347 956.82	−95 380.76
76 209.14	3 192 674.08	9 278.06	6 503.24	5 620 781.93
9 145 630.72	23 891.56	3 106 847.52	518 703.96	−750 412.76
6 480.23	95 760 123.48	807 615.43	−5 042 697.35	58 419 263.75
27 391 648.05	7 346.18	9 327 601.54	65 830 247.19	−93 647.82
73 856.92	876 023.95	16 054 938.27	−1 382.98	7 035.28
149 528.76	7 038 192.54	6 285.39	581 764.23	758 419.02
4 097 582.21	14 905.26	19 703.48	−64 905.17	4 835 692.17

十、全国珠算比赛练习题

加减算（1—6）

（二十六）	（二十七）	（二十八）	（二十九）	（三十）
43 576	574 126	1 603 485	65 804 379	24 961 785
54 327 108	7 428	625 318	−706 459	−309 652
5 690 163	43 195 270	3 604	3 675	7 935 846
7 295	8 754 602	15 974 368	−52 903	−4 258
549 386	71 039	91 247	9 843 201	83 504
3 905 812	82 941 306	7 831 405	163 280	72 109 843
48 365 201	521 634	172 068	−4 185	361 847
53 902	2 085	46 103 748	64 350 918	2 134
487 306	5 492 806	5 378	81 069	3 745 206
5 876	90 614	49 502	−5 946 137	−80 365
685 702	18 049 653	4 701 297	73 156 942	−30 847 952
2 738	608 179	293 148	73 269	56 408
42 307 189	6 732 104	83 079 251	−864 071	−192 504
80 597	4 237	7 293	7 510 824	6 734 265
4 672 401	75 609	52 603	−2 915	−9 701
264 379	25 139 847	7 814 392	8 703 254	21 890 763
2 614	135 798	26 591 607	182 675	−6 128 037
17 038 564	7 302 456	8 067	73 286	9 712
71 859	7 369	57 681	−50 968 217	78 219
1 704 936	84 237	394 586	8 067	501 687

十、全国珠算比赛练习题

加减算（1—7）

（三十一）	（三十二）	（三十三）	（三十四）	（三十五）
78 452.93	269 710.38	154 369.07	58 736 491.02	64 857 309.12
5 217 089.36	87 524 903.61	43 607.92	932 160.85	45 026.91
9 346.27	8 430.12	69 574 830.21	−4 679 532.08	−2 103 789.54
1 048 932.65	74 516 308.29	8 152.96	96 753.84	7 384.25
920 517.84	81 276.95	607 541.28	−3 047.91	72 056 431.98
42 086 759.31	7 015.89	8 920 364.75	24 018.75	−3 159.87
27 081.65	62 908 453.17	57 364 019.82	−697 520.84	17 348.69
51 942 806.73	763 109.45	19 408.37	6 652.17	4 561 970.32
3 649.51	2 954.61	9 823 640.71	16 293 785.04	−398 412.06
217 065.34	54 610.83	37 159.84	−3 960 185.24	56 017 398.24
8 730.95	925 413.06	4 951 860.72	2 398.76	4 061.37
37 942 806.51	3 084 576.29	3 241.58	51 804.32	−708 912.45
98 461.07	35 279.48	68 027 154.93	24 890 136.57	286 095.73
3 465 802.71	7 048 352.96	2 071.36	−430 867.15	−7 450 219.68
243 917.06	3 160 257.84	498 630.52	1 058 732.94	36 508.12

加减算(1—8)

(三十六)	(三十七)	(三十八)	(三十九)	(四十)
43 105	4 709 286	621 504	6 851	32 860 749
56 017 398	50 972	75 069	64 978	4 378
729 856	186 753	83 906 275	49 578 306	-4 190 862
8 927	7 365	30 514	-3 207 145	59 136
2 109 536	86 539 041	1 256	9 462	-706 981
43 298 765	4 103	6 804 521	-782 694	2 693 715
3 514	3 762 014	3 091	78 032 941	47 258
1 534 208	49 287	32 690 587	-1 573	805 742
89 107	1 049	9 478	7 964 218	-1 953
36 157 289	28 940 763	347 892	607 531	274 085
1 704	829 407	12 063	-23 059	2 457
8 496 017	67 385 012	8 710 946	4 592 308	-94 036
3 625	4 295	506 891	-58 613	59 136 270
387 041	58 410 629	78 215 064	15 930 726	-3 508 497
65 289	78 254	2 487	69 472	1 608
98 410 726	9 320 418	3 928 574	-8 156 034	27 380 519
26 403	581 367	847 932	3 902	-68 401
245 031	53 761	65 143	-381 506	34 029 816
2 893 567	6 281 536	7 380 691	20 189 467	-315 962
409 376	105 963	51 748 239	574 012	2 956 341

十、全国珠算比赛练习题

乘　算(1—1)

（限时 10 分钟，(1)～(60)题精确到 0.01，(61)～(80)题精确到 0.000 1，以下四舍五入）

(1)	702.16	×	4.85 =	(21)	70 618	×	418 =
(2)	29.57	×	30.84 =	(22)	349.1	×	2.548 =
(3)	2.98	×	6.504 7 =	(23)	729	×	81.406 =
(4)	43 907	×	748 =	(24)	3 629.45	×	0.756 =
(5)	259	×	18 643 =	(25)	679	×	14 305 =
(6)	2 541	×	30 716 =	(26)	26 143	×	1 875 =
(7)	3 649	×	569 128 =	(27)	26.08	×	7.821 5 =
(8)	2.739	×	104.26 =	(28)	3.061 94	×	42.05 =
(9)	372 104	×	2 867 =	(29)	0.786 5	×	132.49 =
(10)	15.26	×	38.509 =	(30)	5 498	×	85 704 =
(11)	1 823	×	206 415 =	(31)	1 026	×	789 604 =
(12)	10.896	×	2 745.1 =	(32)	0.076 183	×	39.504 =
(13)	603 174	×	219 =	(33)	0.417 6	×	8 106.45 =
(14)	68.51	×	273.649 =	(34)	534 618	×	1 824 =
(15)	601.473	×	96.07 =	(35)	64 708.5	×	1.306 =
(16)	12.608 4	×	1.856 4 =	(36)	0.070 849 2	×	12 659 =
(17)	84 392	×	0.167 429 =	(37)	71 234	×	619 504 =
(18)	29 804.16	×	12.56 =	(38)	418 906	×	73 204 =
(19)	9 372	×	7 862 504 =	(39)	362.014 8	×	43.52 =
(20)	2 704.68	×	1.395 4 =	(40)	2 607	×	425.103 8 =

乘　算 (1—2)

(限时 10 分钟,(1)～(60)题精确到 0.01,(61)～(80)题精确到 0.000 1,以下四舍五入)

(41)	18 234	×	569	=
(42)	7.086	×	19.03	=
(43)	0.264	×	189.64	=
(44)	8.043 7	×	416	=
(45)	95.8	×	1.047 6	=
(46)	9 285	×	78 463	=
(47)	0.475 23	×	5 049	=
(48)	3.874	×	10.538	=
(49)	563.4	×	214.53	=
(50)	14 253	×	6 879	=
(51)	670.8	×	1 426.35	=
(52)	12 953	×	0.701 892	=
(53)	480 697	×	3 546	=
(54)	15.26	×	78.092 1	=
(55)	703 814	×	3 546	=
(56)	47.962 53	×	7 081	=
(57)	1 809	×	5 279 364	=
(58)	35 264	×	89 021	=
(59)	708 291	×	37 408	=
(60)	0.358 746	×	62 591	=

(61)	927	×	40 672	=
(62)	80 492	×	418	=
(63)	0.493 1	×	31.56	=
(64)	3.105 7	×	0.253	=
(65)	865	×	76 809	=
(66)	82.51	×	4.097 3	=
(67)	647.18	×	0.607 2	=
(68)	68.41	×	0.051 94	=
(69)	65 039	×	6 351	=
(70)	9 372	×	73 096	=
(71)	947.18	×	7.403 6	=
(72)	95.140 3	×	74.91	=
(73)	6.153	×	0.048 257 9	=
(74)	37.602 8	×	8 362	=
(75)	7 625	×	268 105	=
(76)	569.01	×	71.032 8	=
(77)	542.8	×	57.201 46	=
(78)	736 104	×	94 381	=
(79)	728 064.3	×	0.061 84	=
(80)	275 386	×	92 738	=

十、全国珠算比赛练习题

除 算(1—1)

(限时 10 分钟,(1)～(60)题精确到 0.01,(61)～(80)题精确到 0.000 1,以下四舍五入)

题号	被除数		除数		题号	被除数		除数
(1)	36.274 37	÷	0.752 =		(21)	3 479.01	÷	73.1 =
(2)	7 070.43	÷	1 364 =		(22)	6 706.06	÷	2 495 =
(3)	8 941.03	÷	92.8 =		(23)	51.891 8	÷	0.813 =
(4)	1 081 983	÷	1 407 =		(24)	733 278	÷	2 054 =
(5)	4 598.674	÷	65.3 =		(25)	712.705 5	÷	67.9 =
(6)	99.040 61	÷	20 349 =		(26)	22 061.38	÷	20 947 =
(7)	6 592.001	÷	638.5 =		(27)	26 837.61	÷	643.8 =
(8)	102 163.16	÷	17 089 =		(28)	10 666 320	÷	13 605 =
(9)	102 295.38	÷	4.26 =		(29)	7 756.83	÷	8.52 =
(10)	91.010 51	÷	0.157 =		(30)	61.087 46	÷	0.167 =
(11)	588.805 1	÷	8.056 2 =		(31)	495.435 9	÷	7.052 8 =
(12)	32 946.54	÷	159.8 =		(32)	6 179.560	÷	15.84 =
(13)	29 932.953	÷	720.84 =		(33)	31 874.571 3	÷	6.204 9 =
(14)	1 261 962.52	÷	13.49 =		(34)	68 025.61	÷	139.8 =
(15)	3.036 315 9	÷	0.276 93 =		(35)	225.637 6	÷	0.279 63 =
(16)	99 703.83	÷	2 049.87 =		(36)	918.647 56	÷	17.420 8 =
(17)	5 192 679.13	÷	846.3 =		(37)	128 989.57	÷	62.81 =
(18)	9 687 777.88	÷	5 120.39 =		(38)	99 456.703 7	÷	204.56 =
(19)	2 307.539 1	÷	0.658 4 =		(39)	879 618.665 4	÷	0.945 3 =
(20)	1 323.723 8	÷	2.506 7 =		(40)	243 307.78	÷	3 068.79 =

十、全国珠算比赛练习题

除　算（1—2）

（限时 10 分钟，(1)～(60)题精确到 0.01，(61)～(80)题精确到 0.000 1，以下四舍五入）

(41)	194 613	÷	0.798 =		(61)	132.562 1	÷	539 =
(42)	13 835.73	÷	2 356 =		(62)	41.023 6	÷	1 285 =
(43)	272 873.7	÷	47.3 =		(63)	32.064 4	÷	47.1 =
(44)	6 127.75	÷	1 305 =		(64)	737 919	÷	2 067 =
(45)	922.768	÷	89.4 =		(65)	0.200 903	÷	0.634 =
(46)	65 883.08	÷	20 165 =		(66)	665.658 8	÷	16 028 =
(47)	3 877.662 1	÷	96.57 =		(67)	702.697 1	÷	763.5 =
(48)	96 488.25	÷	12 079 =		(68)	14 630.304	÷	24.063 =
(49)	18 804.68	÷	89.4 =		(69)	634.507 1	÷	85.7 =
(50)	8 100.186	÷	0.138 =		(70)	0.937 447 3	÷	0.149 =
(51)	67 945.22	÷	917.86 =		(71)	3.086 668 8	÷	5.803 7 =
(52)	94 620.149	÷	234.7 =		(72)	60.979 220	÷	27.98 =
(53)	19 013.373	÷	601.95 =		(73)	3 891 918.78	÷	420.93 =
(54)	4 236 130.4	÷	157.6 =		(74)	745.380 43	÷	156.9 =
(55)	55 429.53	÷	802.43 =		(75)	0.411 935 4	÷	0.581 64 =
(56)	208 070.16	÷	2 478.69 =		(76)	942.924 74	÷	1 207.86 =
(57)	5 240.868 4	÷	0.839 7 =		(77)	12 927.473 1	÷	634.9 =
(58)	3 482 905.94	÷	135.49 =		(78)	924.424 32	÷	108.45 =
(59)	2 232 493.04	÷	825.7 =		(79)	59 275 660.44	÷	64.92 =
(60)	50.532 08	÷	0.713 465 =		(80)	13.352 511	÷	23.075 8 =

账表算(1—1)

(限时 10 分钟)

题序	(一)	(二)	(三)	(四)	(五)	合　计
(1)	2 861 579	80 613 742	951 037	49 823	5 604	
(2)	519 043	5 964	84 267 310	2 851 970	83 762	
(3)	87 241 530	37 208	6 291	365 409	4 865 917	
(4)	36 702	195 483	2 965 408	6 517	93 721 408	
(5)	8 694	2 761 950	53 784	84 013 672	295 310	
(6)	76 814 205	9 038	1 945 672	−938 704	36 521	
(7)	9 830	780 394	52 416	6 573 192	62 081 475	
(8)	1 396 257	41 625	3 089	71 028 546	−708 943	
(9)	47 365	62 814 507	780 943	1 298	1 396 052	
(10)	809 124	7 953 126	31 852 607	64 503	7 498	
(11)	468 539	4 792 510	14 078	7 362	91 130 286	
(12)	75 213	90 138 276	7 052 814	304 896	5 694	
(13)	6 980	73 401	293 568	94 621 573	4 702 518	
(14)	92 104 768	234 658	58 693	2 587 910	31 074	
(15)	5 023 471	6 589	96 723 014	80 541	283 697	
(16)	392 046	5 172 306	8 749	46 975 108	52 813	
(17)	71 385	804 293	46 507 912	−5 087 623	1 946	
(18)	2 194	17 568	5 028 367	130 492	65 908 374	
(19)	67 594 813	9 214	310 294	76 158	6 523 087	
(20)	8 170 526	40 957 638	18 635	2 349	−174 920	
合计						

十、全国珠算比赛练习题

账表算(1—2)

题意	(六)	(七)	(八)	(九)	(十)	合　计
(21)	51 269	8 401 659	3 724	79 083 651	870 342	
(22)	845 702	3 027	71 658 309	54 169	6 249 183	
(23)	3 087	52 916	432 870	2 946 105	73 984 561	
(24)	73 468 159	604 783	2 510 946	8 723	29 105	
(25)	2 096 341	71 298 354	56 891	387 042	5 670	
(26)	96 301 275	971 685	12 034	4 638 250	4 987	
(27)	13 480	10 237 964	8 795	926 715	3 026 548	
(28)	641 398	4 628 530	92 180 647	9 537	15 720	
(29)	4 807 265	2 359	695 731	12 048	98 730 641	
(30)	2 579	14 780	2 503 684	10 367 489	165 239	
(31)	76 594 832	5 271 094	7 056	406 318	28 913	
(32)	17 483	8 602	659 203	69 843 751	5 917 204	
(33)	8 192 704	930 561	14 983 562	32 075	4 678	
(34)	5 026	29 573 846	38 147	8 129 407	903 156	
(35)	956 310	34 781	8 790 421	6 952	76 534 802	
(36)	4 385 126	8 462	57 091	347 190	87 205 396	
(37)	431 709	71 293 650	4 829	52 086	6 814 735	
(38)	68 920	6 348 215	93 062 587	7 419	375 410	
(39)	4 175	794 301	1 653 428	97 058 623	60 829	
(40)	82 736 950	50 978	370 146	2 641 538	4 192	
合计						

十、全国珠算比赛练习题

传票算(1—1)[1]

题序	起止页数	行次	答案	题序	起止页数	行次	答案
1	4—23	(五)		16	7—26	(四)	
2	24—43	(二)		17	27—46	(五)	
3	44—63	(四)		18	47—66	(一)	
4	64—83	(一)		19	67—86	(二)	
5	79—98	(三)		20	77—96	(三)	
6	4—23	(三)		21	18—37	(三)	
7	34—53	(四)		22	38—57	(二)	
8	54—73	(一)		23	58—77	(四)	
9	74—93	(五)		24	78—97	(一)	
10	79—98	(二)		25	18—37	(五)	
11	9—28	(二)		26	35—54	(一)	
12	29—48	(三)		27	55—74	(五)	
13	49—68	(四)		28	75—94	(二)	
14	79—28	(五)		29	15—34	(四)	
15	9—28	(一)		30	35—54	(三)	

[1] 学生练习传票自备。

十、全国珠算比赛练习题

传票算（1—2）

题序	起止页数	行次	答	案	题序	起止页数	行次	答	案
1	3—22	（三）			16	7—26	（五）		
2	19—38	（五）			17	22—41	（三）		
3	36—55	（一）			18	44—63	（一）		
4	57—76	（二）			19	61—80	（四）		
5	78—97	（四）			20	82—101	（二）		
6	15—34	（五）			21	11—30	（四）		
7	37—56	（二）			22	27—46	（五）		
8	53—72	（三）			23	48—67	（三）		
9	70—89	（四）			24	71—90	（二）		
10	90—109	（一）			25	86—105	（一）		
11	6—25	（一）			26	9—28	（二）		
12	28—47	（五）			27	26—45	（五）		
13	50—69	（二）			28	43—62	（三）		
14	67—86	（三）			29	63—82	（一）		
15	84—103	（四）			30	85—104	（四）		